巷弄創業家

李仁芳 著

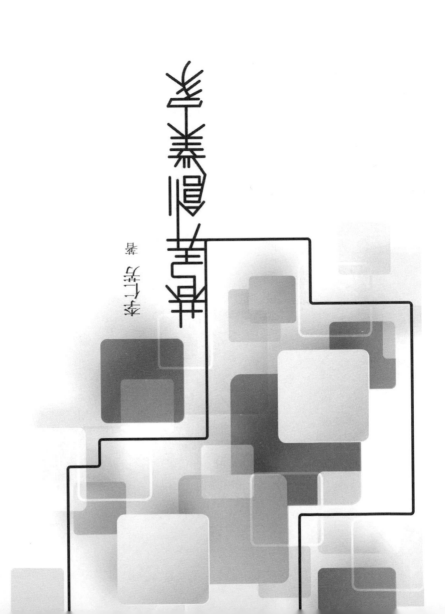

目次

PART 3 巷弄創意事業的發生學 231

自序

巷弄創業家的時代

這本書是關於台灣各地城鄉巷弄間，一些微型生活事業創業家，創建在地小事業，編織璀璨人文地景，提升在地生活甜度的故事。

多年來，我不時關切台灣巷弄創業與創業家事跡，基於下述五項思考：

一、發揮地方特色，強化在地產業發展

長久以來，政府對台灣產業發展政策的主旋律一直是「國際化、自由化」。比如對台灣很重要的資訊電子業，在二〇一一年三角貿易（台灣接單、大陸生產／出貨、全球市場）銷售收入占全部營收高達六六％（製造業占三六％），而且近五年來成長了一八・七％（製造業占一一・六％）。因為「台灣接單，海外生產」比重愈來愈高，導致國內就業機會不足，實質薪資倒退回一九九〇年代水準，所得分配不均問題日益惡化。

目前的狀況是出口持續成長，但無論商品順差或三角貿易服務輸出的資金，並不一定

會匯回台灣。即便匯回台灣，也未必分配給多數人（台灣受雇人員報酬占GDP比率，自一九九〇年以來一路下滑：一九九一年五一．五六％到二〇一二年四六．一七％，二〇一〇年最低點四四．五五％），國民消費也未必因經濟成長而增加。

台灣所謂經濟成長，很多的附加價值、很大比例的就業貢獻，都沒有落實在台灣。社會的部分輿論與二〇一四年七月的經貿國是會議，終於起步討論關於在地產業的發展。就政府過去的產業政策來看，的確比較偏向提升產業出口競爭力，因為競爭力不提升，就無法在國際上競爭。

關於在地產業的發展，一直被認為只是滿足內需而存在，而台灣二千三百萬人口的內需市場，對一向以量取勝的OEM／ODM代工出口廠商來說，實在看不上眼；而就政府對在地產業的政策定位來說，過去也大多視為弱勢待輔導的傳統產業而已。

其實，在地產業的發展，可以是台灣經濟結構轉型重要動能來源之一。比如一些北歐國家，人口、國土幅員都比台灣小，但對出口的依賴遠低於台灣，人民生活品質及國民福祉則大幅超越台灣。

過去，大多數的台灣主流產業一直在歐美日供應鏈主導下，扮演製造代工的角色，並不直接接觸消費者，一向不熟悉經營最終消費市場。

未來，台灣經濟成長模式勢必從依賴出口調整為兼顧出口和內需，必須更加重視和國民居住、生活環境品質有關的在地產業投資和經濟活動，產業發展也必須重視創新及多元化，並和在地就業及人民生活福祉緊密結合。

另一方面，台灣生活型態及需求，在華人區域具有相當程度的代表性。因此，台灣在地產業發展，不應只著眼於內需收斂性思維，政策上更應思考如何促進與海外市場（出口或觀光）的接軌。

「巷弄創業家」的志業，正是灌溉心力於在地生活事業，提供有甜度、有溫度的優質在地生活服務。

二、台灣文化觀光事業須從建設生活大國奠立基礎

世界觀光機構報告指出，國際旅行正逐漸變成一般人可以隨手取得的消費服務。估計從一九九五年到二〇二〇年，全球國際觀光旅客人數將從五億六千萬人（觀光收入四千億美元），成長到十六億人（觀光收入兩兆美元）。這相當於每年平均成長率六・七％，是世界各國預估的GDP最大成長率的一倍以上。

毫無疑問的，觀光勢將成為二十一世紀的骨幹產業之一。二十一世紀是觀光旅遊及文化創意、生活產業的世紀。台灣當然不能例外。

二〇一四年台灣觀光旅遊可創造新台幣七千六百億元產值，二〇二〇年觀光客可達

一千六百五十萬人，每人花費七．五萬元，可創造一．二四兆元產值，同年國內外旅遊可貢獻GDP達二兆元。就業人口可從二〇一四年六十五萬人，到二〇二〇年增加為一百十五萬，每就業人口創造的產值從每年一百二十萬元提升到一百七十萬元。

一個文化觀光鼎盛的國家，一定有蓬勃發展且演化細緻的在地生活產業撐持。最有深度，也最有永續發展能力的觀光發展，不見得是大山大水大景點的消費，而是在地生活、在地文化的分享。所謂「打造觀光城鄉」，就是重新發現、重新創造該城鄉最引以自豪的特色。

台灣在華人社區具有「優質生活中心」的位置，我們應運用這槓桿優勢，協力民間大力發展國際文化觀光與國民旅遊事業，進而帶動各城鄉巷弄間在地生活產業的成長。創建城鄉巷弄間的在地生活產業，是不會後悔、也不會失望的投資，因為可以灌溉土地及餵養子民。

台灣極具發展在地生活產業與文化觀光的潛勢，而在發展這些產業的同時，也為台灣原本獨樹一幟的自然、人文資源注入更豐富的文化底蘊，累積更豐富的人文素養，並為生活其間的子民創造根留台灣、永續增值的原鄉生活空間與在地產業，使台灣豐美的生活與文化成為二十一世紀最美好、最鮮活的華人社區。

三、創意的甦醒，從生活的甦醒開始

更進一步來思考，現在舉國上下都在講「創意經濟」的推動。其實創意的甦醒，是從生活的甦醒開始。而創意經濟的推動，本來就是以創意生活空間為張本，向天地上下四方探索張望。而「巷弄創業家」正在全島各城鄉巷弄間，以他們所創立的事業，為在地人文地景空間編織璀璨的錦繡亮點。

有關創新天才的叢聚湧現，有一個「美力說」理論：美麗風土是涵養創新的底力。

英國是個創新天才輩出的國家，它的田園風景之美世所公認。比如劍橋大學、牛津大學，古色蒼然的建築映照終年常綠的草坪，美得如夢似幻。而愛爾蘭天才文學家輩出，也有號稱「翡翠之島」的遍地綠意和壯觀夢幻的自然美景。

日本學者藤原正彥研究過許多天才創新數學家的一生，他為了體驗這些天才成長的風土，多次親自走訪他們的故鄉。藤原正彥本行學的是數論與不定方程式論，對「創意天才大多誕生在什麼地方」產生疑問，也試著觀察與思考。他發現一項有趣的事，創新天才並非按照人口比例到處出現。天才的誕生地點分明有偏好，只有在某些國家、某些地區才會誕生創新天才，並呈現星群叢聚現象。

大天才羅曼奴贊（Ramanujan, 1887-1920），一生發現超過三千五百個「美麗」公式。羅曼奴贊的出生地在南印度昆巴可南（Kumbakonam），那裡有好幾座九世紀至十三世紀朱拉王朝留下來美得驚人的寺廟，連窮村僻壤都有壯麗無比的美麗寺院，讓親履考察的藤原正彥大吃一驚。他在昆巴可南附近的丹哲普（維基百科：坦賈武爾）看到普里哈迪錫瓦拉寺（維基百科：布里哈迪希瓦拉寺），第一個直覺反應就是：「啊！簡直就像羅曼奴贊的公式一樣美！」

曾經得過諾貝爾獎的錢德拉塞卡爾（1910-1995），還有以「拉曼效應」聞名、也是諾貝爾物理獎得主拉曼（1888-1970），都是昆巴可南一帶的人。三位不世出的天才創新大師，都出生在這個半徑三十公里內的小區域。直到現在，印度沒有其他地方出現過任何一位足以匹敵這三人的數學家或科學家。可見天才的誕生地點分明有偏好，而且「美力孕育創新力」，創新的風土需要美的底力加持。

蒼穹繁星與人文化成的美麗與秩序，都可能彰顯上帝創造的奧祕。天地自然的美和創新力的涵養必然有深遠相關。南印度昆巴可南附近半徑三十公里的圓圈，可以說是探究天才誕生地點時，決定性的舞台。

四、孕育創新的實體空間張本

「巷弄創業家」在城鄉家園的地景空間經營，長期而言，其實是為創意事業的舞台搭景，也是為創意設計基因庫藏作準備。

創新孕育有其實體空間張本，雲門舞集「稻禾」孕育自台東池上鄉的藍天與稻田天地之間，正是一個直白的顯例。二〇一三年，雲門成立四十年，自稱有「稻米情結」的林懷民再度選擇以稻米為創作主題，以「稻禾」向土地致敬。

不同於「薪傳」的徒手插秧和「流浪者之歌」以真米登場，在嘉義新港度過童年的林懷民，選擇台東池上的稻田做為創作的元素，把大自然的循環，透過舞蹈傳達稻米的生命輪迴。

藝術家的「胸中自有丘壑」，其創作怎麼可能與自身遍覽的城鄉巷弄、山水空間沒有淵源？

池上稻米達人葉雲忠（一位農閒之際在家中寫書法的農夫）的田地，是一片沒有電線桿的稻田。當年錦園村李文源村長帶著村民和台電抗爭，才讓電線地下化，成就這片浩瀚的黃金稻海，保留下家園地景純淨的空間視野，也成為「稻禾」創作的原始基因素材。

雲門邀請攝影家張皓然在田裡蹲點兩年，記錄稻米的生命歷程，這些珍貴的視覺材料再透過影像設計王奕盛的神妙之手，成為舞台上的視覺呈現。

觀賞「稻禾」時，我們得以看到慵懶的白雲在湛藍的天空之間飄移、大山時而清晰時而渺茫、各種層次的綠色稻浪搖曳和稻田裡的四季流轉，真是極致的視覺饗宴。

舞者們也沒有局限在排練室裡，他們在收割季節前往池上參與收割，接受花東縱谷大自然的洗禮、體驗農民的生活，從腰痠背痛中真實感受「粒粒皆辛苦」，這些體驗於是成了舞作中每個段落的養分。

當客家山歌「新民庄調」響起，他們在舞台上把翻土、注水、秧苗、成禾、結穗、收割、燒田、翻土這些農作的時序節氣舞出「泥土」、「風」、「花粉」、「日光」、「穀實」、「火」、「水」等段落，將池上的明亮、美好透過舞蹈清澈傳達。

四十年來雲門在舞台上呈現了一百六十多齣舞作，四十歲的雲門以「稻禾」向生養我們的台灣大地以及敬重大地的農民致敬。

現在台灣舉國上下都提倡「創新」，卻以「知識經濟」之名，多以「邏輯」及「理性」面切入。

很少人理解：「創新」以「美」為底力的美學面向。「情緒」、「形」的柔，與「邏輯」、「理性」的剛，如能剛柔並濟，人的綜合判斷力與創造力才能臻於完美。

從這個觀點來看，我們要提倡「創新」，首要的關鍵基本建設是讓台灣成為華人優質生活中心。無論天地人文、山川城鄉，台灣都要維護、涵養美與質感的「形」。

長期而言，「美的存在」是孕育創新人才最具底力、最營養的沃土；而「巷弄創業家」正是在各地城鄉，為此任務從事奠基性工作。

五、此地真的有玫瑰

日本設計大匠喜多俊之，年輕時就觀察到，同為二次大戰戰敗國，義大利為什麼在以設計創意重建國民「生活甜度」的進展，大大超越日本？

難道不是義大利的國民生活美學素養，自他們出生張眼，從襁褓年代起，就深深受到義大利城鄉建築造型、聚落住屋色調、國民日常服飾品味等實體空間元素不斷涵養而潛移默化，自然培育出國民「生活甜度」？

台灣在華人社區，頗有優質生活人文地景的優勢。如何槓桿活用這優勢，以發展我們在華人社區的社會面、人文面，甚至創意產業、生活產業面的基石性地位？然而在今後三十年、五十年，台灣在華人社區，應當發展、如何發展、有何能耐發展、發展到怎樣的位置？這些願景的展開，似乎很少出現在社會各界領導層級的議程中。

本書中描繪的各個巷弄創業家們，就是從生活空間的甦醒為起步，一步一腳印地創立他們的創意生活事業，也為他們生活／工作其間的城鄉巷弄間，編織進璀璨、秀麗的人文地景。

「巷弄創業家」在各地城鄉所建立的錦繡地景，觸發每位到訪者，成為心靈的貴族，隨時隨地都可以進行生活的「壯遊」。比如台北的巷弄，青田街、富錦街，隨意的Here & Now。只要你修練足夠的存在感與敏銳覺察力，「巷弄創業家」建立的每一個空間、每一個當下都可以為你帶來「初心」的體驗與喜悅。

「巷弄創業家」的「作品」，讓每位到訪者，得以用初生嬰孩般的初生心境，讓每一個時刻的每一個生活情境都是鮮活、愉悅的體驗。不用刻意到他鄉張望，也不用刻意到異地探尋。最好的地方，就是此地這裡；最好的時光，就是當下現在。

打造文化觀光城鄉也好，發展創意產業也好，都是以社區在地的創意生活達人（本書稱為「巷弄創業家」）為製作人，以社區歷史人文為布景，以在地山川城鄉街廓為舞台，以社區創意工藝和商品設計為道具，以所有參與體驗過程的居民與旅客為演員，在各可居、可遊的城鄉社區，共同演出一場創意生活的大戲，為城鄉社區的人文環境與地方經濟帶來更好的明天。這豈不是在地城鄉經營，與在地產業發展結合——結合在地生活與在地工作，打造我們共同的幸福社區家園的最高境界。

「巷弄創業家」的行誼啓示我們：一切正向改變應從 Here & Now，也從自己開始；很重要的關鍵著力點在於能動員、提高在地居民的關心度，讓居民有新鮮的好奇心。就像在自家鄉里觀光旅遊一樣，可以用外界的眼光去眺望自己居住的城鄉巷弄。

讓在地的居民自然擁有這種「來自外界的眼光」之後，原本平淡無奇的日常生活，頓時又再度大放異彩，讓在地的城鄉社區巷弄散發出前所未有的光芒。

「巷弄創業家」啓示我們：首先要了解自身居住的城鄉巷弄。了解帶來依戀，依戀就會更願意積極投入社區巷弄生活的營造，讓自己感覺身為該城鄉巷弄的一員而與有榮焉，這將成為推動社會改造與地方進步最大的一股動力。

此地真有玫瑰花，讓我們大夥追隨「巷弄創業家」們，就在此地跳舞吧！

PART 1

生活的存在感與巷弄創業精神

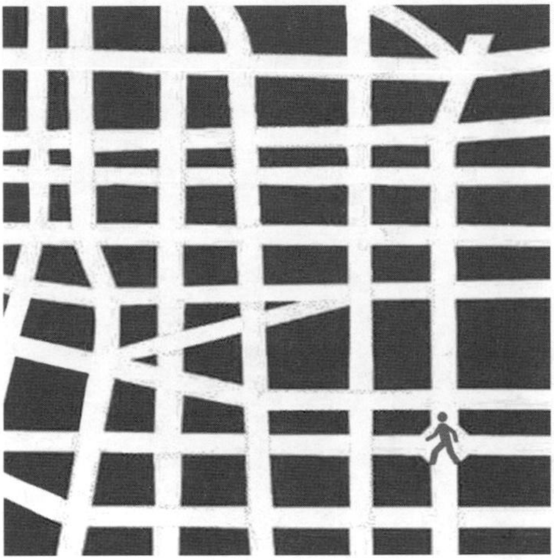

巷弄創業，體小相大

寶島台灣「臥虎藏龍」，

像九份、中和、板橋、汐止這樣地方，也有高人大隱於市井。

婆娑之島，實為「體小相大」的人文寶地！

九份茶坊、天空之城的主人洪志勝不是九份在地人，卻已在九份居住二十多年。夫人是日本琵琶湖邊滋賀縣的近江美女。每次到九份，我必定到他的茶坊打尖休憩。尤其喜愛在天空之城（現改名水心月）戶外的大樹下喝茶遠眺海景、基隆山。天風徐徐，金陽點點，最愜意不過了。

為了研究「水金九」街區人文空間的經營，近年常與同好到金瓜石、九份踏察。與朋友們最感興奮欣悅的地方，在於發現基山路雖然略顯商業化，天空之城與昇平戲院間的輕便路，沿路卻風情十足。

在地年輕人或是外地來的女婿，分別沿著輕便路兩側開了創意設計衣著、創意 Café 等極有風情的小店。不少櫥窗設計讓人驚喜以為到了京都清水寺下的清水坂、五條坂等山坡道。只要將沿路這些創意小鋪的年輕老闆組合起來，共同為輕便路朝創意街區的方向協力推動，近日常與朋友花了很多時間討論的「巷弄創業家」與「街區經理人」角色，就有了落實的機會。

從九份回台北，請食養山房老闆林炳輝帶我到中和鄭惠中的布衣工作室參訪。鄭惠中生長於台南市東門圓環附近，來台北做布衣服裝三十餘年。台灣許多有氣質的藝文工作者，包含食養山房的同仁，甚至近年連大陸許多藝文界朋友，都喜歡惠中兄的布衣服裝。

坐在惠中布衣工作室內几前喝茶，右側牆上掛一幅字：「念起即覺」。今心者，當下的心思，即「念」。我說：「念起即覺ㄐㄩㄝˊ，還可真難。」惠中則笑回：「念起即覺ㄐㄧㄠˋ，去睡覺就好了。」一家門口一棵高大的松樹，進門各項空間、擺件極為清靜空靈，仿如踏進日本京都人家。

晚上邀了炳輝兄弟、惠中一家人，好友共同歡聚板橋豐華小館。主人唐白餘（也是「春餘園子」主人）是江浙世家子弟，做出來的江浙小碟大菜，特別是牛腩鍋、百葉菜等，他要說第二，恐怕台北城方圓附近，無人能稱第一。小館設計與鶯歌陶博館同一位建築師（竹間簡學義），清水泥牆面極簡乾淨。

席中炳輝提到汐止食養山房，近兩週螢火蟲正燿燿盛出，邀我上山賞螢。擇日不如撞日，隔天傍晚就專程上食養。當年花木繁森，無論綠竹、黃果、桐花樹，都明顯長得比去年茂盛。

尤其七號荷花池邊高大桐花喬木，昂然矗立直升上月色及繁星滿天的靛藍夜空。雪白桐花滿樹梢，地面、蓮池上也布滿飄落的「五月雪」。配上澄輝的銀白月光，習習山風，蛙鳴聲裡更顯山區的幽靜。

螢之道在食養五號與七號間的山徑，一側山溪水氣，一側山樹草葉繁盛中，閃出點點螢蟲火光，頭上的黃果樹又飄來蓮霧、玫瑰混合香氣，幾百公尺的螢之道是炳輝「興來每獨往，勝事空自知；行到水窮處，坐看『螢』起時」的私房祕境景點。

「亮點」湧現，串聯成線，鋪陳成面

寶島台灣臥虎藏龍，像九份、中和、板橋、汐止這樣地方，也有高人大隱於市井中。台灣婆娑之島，實為「體小相大」的人文寶地！

台灣全島三百一十九鄉，七千八百三十五個村的美景美文，是源自這些年來，人文育成，風俗醇化，早已養成一種普遍溫和好禮，敬天愛人的文明風氣。這個文明我們島內人日常身處其中，習焉不察。大陸或日本文化界人士一來台，特別是他們自由行在台灣各地城鄉村里，自由穿街走巷，深入寶島巷弄中，踏處土地、民情，感觸每每極為深刻。

台灣現在從南到北遍地城鄉，讓人得以款行慢遊的個別明珠「亮點」可說處處湧現，現在要努力的方向是將它串聯成線，鋪陳成面。

社會改造與風土資本的整理準備也好，打造觀光城鄉也好，都是以台灣各地城鄉社區巷弄間在地的創意生活達人為製作人，來整備地方各類風土資本：

他們以社區歷史人文為布景，以在地山川城鄉街廓為舞台，以社區創意工藝和商品設計為道具，以所有參與體驗過程的居民與旅客為演員，在各可居可遊的城鄉社區，共同生活（演）出一場創意生活的大戲，為城鄉社區的人文環境與地方經濟同時帶來一個更好的明天。

這豈不是國土經營——打造我們大家共同的幸福社區家園的最高境界。

規模雖小，卻以生命的質感、文化的厚度勝出

近來，大陸不斷挾其國家坐擁土地資本，乘經濟發展之勢，土地不斷增值，從北京到地方，各級政府藉勢轉土地資本為文化資本，以大腕手筆吸納收編台灣的文化大師與文創人才，有識之士頗以為慮。

我們的應對之道，必須不斷在全島各處城鄉，持續發掘各巷弄中、各領域優質生活創新並創業的達人。持續去發掘像「豐華」的吃好，「惠中」的穿好，「志勝」的喝好，「食養」的茶好、食好、氣好……種種數之不盡、遍布台灣創意城鄉各地的巷弄創業者，在本島各地城鄉巷弄，串起粒粒閃亮珍珠項鍊，讓大陸、亞洲以致全球遠方朋友，近悅遠來，近而喜愛台灣、珍惜台灣。長遠看來，這可是一件對台灣人民未來，極為關鍵的要務。

就是因為有這些文化底蘊深厚「巷弄創業家」的創意生活事業，使得台灣處處閃現創意生活的璀璨亮點，也使台灣成為華人地區的優質生活中心。

文化的厚度與生活的質感，讓台灣成為華人地區中更值得居住的人文密集場域空間。最極致的創意事業模式就是要靠台灣城鄉各地滿天星般，遍地開花的巷弄創業家們，這種精采生活與生命經驗的累積。他們不用競爭，他們就端正地站立在那邊吸引你的眼光。

巷弄創業家們，誠正作業；風姿氣品，璀璨萬千。

太陽升起，太陽落下。潮起潮落，潮流很快就過去。倒不如慢慢走，清楚地走自己的路。「與其最好，不如唯一」。因著人文底蘊含藏量高，而曖曖內含光。台灣其實不用去比上海的「外灘十八號」。我們的規模雖小，卻可以生命的質地、文化的厚度勝出。

無論是在地深化開花，或是遠赴大陸發展。我們的「巷弄創業家」一定都毋忘：原鄉母親土地那豐美文化乳汁的口口香甜。這樣台灣的「巷弄生活事業」無論是在泛華人地區、在亞洲，以至於在全世界，一定會輝煌發亮，榮光萬代。

台灣是雖小猶大的。

巷弄創意事業的In與Out

新時代需要新思維。
台灣經濟的「恢復力」更需要新思維。

我們過往一向起家的憑藉是效率思維與重視成本抑減，長久以來，「儉腸捏肚」的節儉習性，已經內化成我們的深刻基因，平常日日生活其中，不太察覺。其實不論餐飲小吃、交通、醫療等，比起其他開發國家，台灣各項民生服務均相對既優質又平價。重視效率／成本的國民性格，好處是台灣全島成為日本、香港、新馬、歐美等世界各地遊客心目中，「華夏地區優質生活樂土」的首選。

不只生活面向，我們龐大的代工製造「效率經濟」也一度發展極致，成為世界級的規模。但是效率思維的缺點呢？台灣的「效率經濟」、「優質平價生活」是成型了，但是我們的「創意經濟」發展格局卻一直進化遲滯。

不利的形勢已逼到眼前。世界級數一數二3C大品牌公司，亞洲地區供應鏈頭號採購負責人，四、五年前起即多次親口向筆者表示：台灣電子業系統廠（品牌廠、製造廠均然）逐漸縮退地盤疆域，連零組件供應鏈地盤也逐漸被陸廠攻入。台商零組件廠對他而言，供應比重漸降；代之進入他採購名單、且供應比重日漸的則是大陸零組件企業。

局勢的危機如此，但台灣多數的企業策略與政府產業政策，卻不少還留守「效率經濟」時代的思維，「創意經濟」的具體作法仍未徹底落實。我們現在的危局是：面對今天的產業競局，用的是昨天的應對策略，而且是由前天的經企領導層帶路。這真正是最危險的事。

台灣產業的當前挑戰，正在於用「效率經濟」的領導與戰略，去打「創意經濟」的全球戰爭！不言可喻的危殆局面令人驚懼不已。

「效率經濟」時代奮力追求生產條件的比較利益（如TPP、FTA、免稅特區等政策）、強調規模經濟／範疇經濟原則，設立專案經理，熱愛嚴謹「流程」。能耐與工夫的底子是理性知識，講究製造技藝的技術深度。領導階層出身技術官僚治理，相信要做應該的事，且要做得有效率有省成本，總是強調「業精於勤而荒於嬉」。

但是「創意經濟」調子不同。城鄉創意事業喜歡著落在具生活／生態條件比較利益的創意社區，強調深度經濟／感度經濟原則，設立另類思考的主創人與製作人，熱愛簡潔直接。能耐與功夫的底子是美學感性與知識理性平衡，講求風格技術以及美藝／設計豐饒度。像蘋果對三星的專利侵權控訴，對「設計專利」的著墨，比起「軟體技術」的交鋒只多不少！創意經濟領導階層極聚焦顧客體驗與人文／產品介面的直覺性操作設計，相信一定要鼓勵事業同仁做真心喜愛、有內在熱情的工作，且將之做出高附加價值。這種領導層，了解創意事業固然要「精於勤」，但更鼓勵同仁「精於嬉」。

大家也許可以靜心思考，台灣經濟現下的主流思維又是哪一種呢？

巷弄創意事業的 In 與 Out

In	Out
生活／生態條件的比較利益	生產條件的比較利益
深度經濟	規模經濟／範疇經濟
Creator ／ Producer	Project ／ Manager
探索的樂趣	模仿的樂趣
造物的精神	代工的精神
台灣創造	台灣製造
Pathos 美學感性	Logos 理性知識
風格的技術	製造的技藝
美學與設計豐饒度	技術深度
創意生活空間的總製作設計師 Production Design	技術官僚 Technocracy
業精於勤更精於嬉	業精於勤更荒於嬉
做喜歡的事	做應該的事
做得有價值 Value Up	做得有效率 Cost Down
價值會計法則	成本會計法則
行為科學原理與方法	工程科學／生命科學原理與方法
風土資本	技術資本
文化資本	科技資本

在上圖右邊表格 Out 中所列的特質，是台灣一直以來所擅長的部分。但如果要成為生活大國，創造出「 心適」的生活空間，變成一個設計／創意大國，勢必要轉變為左邊的思維。

本書主要聚焦的巷弄創業家，正是後一種創意經濟的前緣造潮者，也是台灣下一波創意事業的前行萌芽春草。

台灣產業向來走降低成本路線，近年因中國大陸崛起，這路線遭到不少挑戰。論者很多倡議，台灣要逐漸走向經營華人市場、亞太市場的高附加價值 Value Up 路線。

尤其台灣在食衣住行育樂等生活產業，可以說在華人社區有相當的核心能耐與營運優勢，有機會可以成為華人生活產業的「風格時尚」發動震央，與「風格時尚」造潮者（trend setter）。

就像食養山房、相思李舍，或像采采食茶、九份茶坊、南庄山芙蓉等城鄉巷弄創意事業，台灣能不能成為華人社區生活文明的前行活態實驗室？或是大華人社區生活產業／創意事業發展的創業育成中心？台灣有沒有機會、要不要規畫，成為大華人社區的「凡爾賽宮」？就如同路易十四與寇貝厄當年刻意以此為帶動法蘭西，以致整個歐洲優質生活風尚的「時尚震央」？這些都是台灣各地城鄉巷弄創意生活事業創業家們，其寶貴的經營經驗，所能帶給各界有關「下一個台灣」走向，值得深思的課題。

地方風土資本與青年微型創業

營造「歷史風土街道」，
更需要生活產業在地老鋪的光點，鑲嵌於城鄉山川土地舞台中，
彰顯風土街道人民創意生活的多采多姿，與可居可遊的文化觀光潛力。

近年來台灣經濟成長率可能降到三%以下，全球各地也不斷傳來「荒年」逼近訊息。好消息是，被外媒稱讚「台灣最美的風景是人」，至少在美好人文方方面面，漸有華人優質生活中心形象的台灣，觀光服務業表現突出。

觀光服務提供的內涵，不只是吃吃喝喝。二〇一二來台觀光旅客中，六四%表示受到台灣「民情風俗文化和歷史文物」吸引而來。借用日式漢文表達：「歷史風土街道」的建設，可能是當前攸關文化觀光的重要文化資產投資項目。

講到「衡外情，量己力」的策略定位，求發展求生存的氣慨與行動，台灣向來民間跑在政府政策之前，近年來更是明顯。

不少有理想見識的青年，不理會近十餘年薪資停滯，以及全台五十萬低工資福利、無年資的派遣員工社會趨勢（政府還帶頭成最大派遣用戶）。在地方上創立有「歷史風土」味道的「原鄉時尚」文化觀光鄉鎮事業，成為一群有見識的年輕人創業的新選項。

南投竹山一家「小鎮文創公司」，年輕人何培鈞決定以系統性模式經營地方觀光事業，強調「百年特色小鎮，深度文化五感體驗」。現下已建設了「天空的院子」、「鞍境家」民宿、「上山閱讀」Café 以及「大鞍山城」旅遊中心。

其中天空的院子位在竹山大鞍聚落，一百零八年四合院老宅子，歷經十五家銀行拒絕貸款支持，年輕團隊堅不放棄，終獲得千萬元創業貸款。前後七年涵養、除草、補牆、鋪瓦，院子才從荒陌中浮現的新徑一端升起，成為中台灣眾口相傳最美麗的山間民宿。

「歷史風土街道」的營造，更需要生活產業在地老鋪的光點，鑲嵌於城鄉山川土地舞台中，彰顯風土街道人民創意生活的多采多姿，與可居可遊的文化觀光潛力。

天空的院子使用竹山鎮下橫街開設四十幾年的啟明米麩／爆米香，做為置放客房內、款待客人的點心。所開發竹山小鎮遊程包括鎮上傳承五代、一百二十年歷史的來發鐵店，與手工製作的振益棉被店等。

作品曾在巴黎家飾展獲獎的在地竹工藝家、鎮上竹藝博物館、青竹文化園區，以及鎮邊清幽翠碧的大鞍竹海景區，和丘丘相聯如海波起伏的秀麗茶山（以八卦茶園最為知名），這些都是大可由有眼光的「歷史風土街道」資源整編者，著手整備的珍貴「風土資本」。

青年就業近況不佳的台灣，「風土街道」型的創業，還可增加青年開心地開展「在家鄉生活、在家鄉工作」的人生。

一盞茶與一間老宅

台南府城，繼續蘊釀著它迷人的歷史，
並在保存傳統的風景中，淬鍊著新生的文化薪火。

秋天的府城，乍寒還暖。流動的空氣中仿佛也徐徐緩緩地，瀰漫著宜人舒爽的溫度。古都就像一個斂眉含笑、卻飽含韻味的人。不管時間的喧擾，一徑踏著自己的步伐，淳樸卻內涵豐富地前進。

府城人溫暖。初秋，在「胡椒罐」（全台第一座氣象台，歷經一百一十一年的歲月）舉行的茶會，就展露了台南人情味特質。一百一十一個席位紀念台南氣象局的歷史。音樂與茶會邀請民眾入席，資源由台南商家出力提供。奉茶老闆葉東泰說，府城人性格保守，但是下定決心就會堅定地完成。

府城人感性。步入奉茶店，二樓雅座牆上掛著一幅樸拙的書法，仔細一瞧，那是出自台南老店雙全紅茶紅茶伯的一首歌詩，極淳樸真摯的話語，道出紅茶的真性情滋味。

台南西門路後布莊市場的小徑彎延曲折，布店林立、色彩繽紛。西裝店、裁縫店穿插其中。當年這裡是精華生意區，寸土寸金，為了使店面空間更大，於是樓梯空間夾窄的嚇人。將近八十五度陡峭的木製樓梯，寬度也僅夠單人扶梯上下。老房子事務所謝小五的首棟西市場謝宅即座落在此。

三樓天棚的自然光灑落在潔白的瓷盤上，廚房復古的洗石子地板精緻地呈現出八十幾歲老師傅的細膩匠工。通往四樓鑲在牆上四十幾年歷史的木製古書架放著舊式收音機，一台腳踏式的縫紉機在角落靜靜佇著。四樓榻榻米通鋪上罩著一大片白紗蚊帳，古舊物件似乎凝結了謝家過去生活的時光片斷，也再現府城舊辰光的繁華風景。

台南，充滿魅力的古都

擁有深刻文化意涵的古都，信手捻來皆是趣味。許多生活的記憶，許多值得探究的建築，許多以此為背景舞台上演的故事，許多許多飄浮在緩慢空氣步調中的吉光片羽，曾經生活過的足跡。

如果仔細觀察，城市的風景就像一部動態演進的人間圖像。在這邊生活過的人，像是穿越不同歲月的載體，把城市的容顏記錄傳承保存下來。

有人說，台南像是台灣的京都，有著令人難以抗拒的文化魅力，「台南人有一種倔強的氣息特質」，擁有一種保有舊有文化、建築與生活的堅持，並且深以身為台南人為榮。這種莫名的情感連結，讓許多文化人在此生根，把從府城獲得的能量，以一種創新的方式繼承下來。一盞茶和一間老宅，都是文化的傳承與創新的見證。

台南府城，繼續蘊釀著它那迷人的歷史，並在保存傳統的風景中，淬鍊著新生的文化薪火。

巷弄生活家的生活風格

「巷弄生活家」，對生活有一份「執著」，
隱身於不同的職業，每天自在的、適意的生活在各個角落，
以特有的生命張力找到自己的位置。

根據對台灣城鄉的初步觀察與對都市生活的想像，我們發現構築台灣城鄉巷弄最大的特色是，每天努力生活在台灣城鄉裡的一般民眾，不少人對生活有一份「執著」，他們每天自在的、快速的、慢的、熱鬧的、冷靜的、複雜的、簡單的、適意的生活在各個角落，他們隱身於不同的職業中，以特有的生命張力找到自己的位置，我們稱之為「巷弄生活家」。

巷弄生活家的創意生活——發展城鄉創意事業的起點

體驗經濟包含廣意的文化事業與創意事業，它們共同的基石都是城鄉生活的土壤。

文化事業：包括視覺藝術、音樂及表演藝術、工藝、文化展演設施、電影、廣播電視、

出版等七類。

創意事業：包括建築設計、廣告、設計、品牌時尚、數位休閒娛樂、創意生活等六類。

這兩大範疇的經濟面向，證諸對世界各大創意區域的創意地理學（Florida, 2004, 2008）與創意社會學（Currid, 2007）的研究，一定都是鑲嵌在創意城鄉的空間與風格社會的生活網絡內，彼此很難切割畫分。

巷弄生活達人的創意生活推動了創意城鄉與風格社會，而創意城鄉與風格社會又驅動了創意經濟與美學經濟。

創意生產的城鄉地理學

像前LV創意總監馬克·傑克伯斯、《愛情不用翻譯》導演蘇菲亞·柯柏拉、安迪·沃荷等這些人士的共同點是他們都在紐約市的文化氛圍

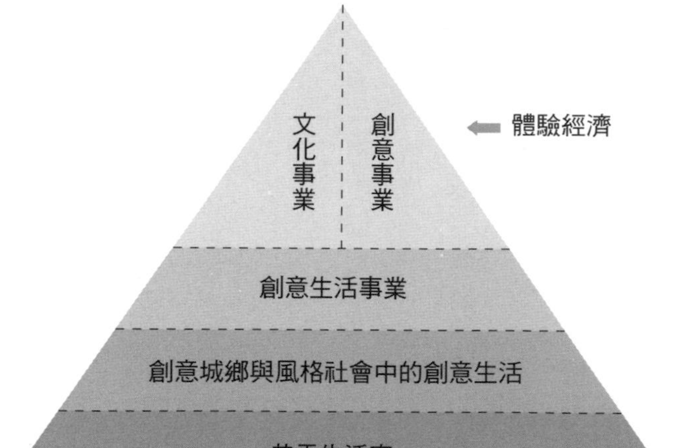

中被餵養長大，而他們也在紐約市創造豐饒的象徵資本，並向全世界輸出他們的創意產出。

全球創意事業的市場優勢幾乎都被紐約市占滿。有人說紐約市的街道和社區「步行可及」的特性，讓提供藝術才能的創意心靈，與需要藝術才能的唱片公司、劇場等等可以密集邂逅，不斷相遇對話，擦出創意生產的火花。

創意地理學第一原理就是：創意與創造力並不均勻、隨機分布於地球上所有地方。創意的發生，「場所精神」是很重要的。

無論是巴黎、京都或是紐約，創意地理學研究均發現：這些城市成為一世紀以上的文化風格與創意事業原創城市，均浮現一條共同規律——創新的起源常在社交互動的場所與空間。特定的場所與空間做為創意交換的節點與據點，對於創新的孵育與完成極為重要。

體驗經濟如果不是鑲嵌在創意城鄉與風格社會，而創意城鄉與風格社會如果不是由城鄉街區生活達人的創意生活點滴經緯編織而成，像紐約市這樣璀璨百年的創意經濟奇景，又怎麼可能發生？又如何可以持續？

生活大國促進台灣的體驗經濟進程

對「創意生活事業」而言，創造要的不只是技術與技藝。創造的關鍵在於我們抱持什麼態度過生活。創意造物是果實，而生活質感才是滋養果實的土壤。像觀光就是一種典型的「生活產業」與「風格產業」，所行銷的是當地的生活風格，與居民對生活的態度。

城鄉創意事業的蓬勃，是從生活的復甦開始。很多人知道台灣是「製造大國」，但更重要的是，台灣未來該走「生活大國」的路。如果台灣真要進入創造力的新時代，走向「創意經濟」與「美學經濟」，那麼，「生活大國」的孕育才能促進台灣的進程。

創意與美學經濟的終極基因是創意心靈，而創意心靈的涵養須鑲嵌在創意城鄉所展開的創意生活中。

原研哉（日本中生代國際級平面設計大師，無印良品藝術總監）說得再透徹不過了：「從民眾生活中所產生的日常工藝裡……就擁有單一思維的簡潔，具備能與西洋現代主義對峙的獨特美學，這並非靠短時間的『計畫』，而是靠生活。」

創意生活事業的發展，無論是創意經濟也好，是美學經濟也好，說到最根本處，它最後的發展根基，就是豐饒的生活土壤，與敏銳的生活覺察和體驗。檢視世界各地，任何一個創意經濟／美學經濟蓬勃發展的地方，他們的經驗都提示我們：發展風格社會是打造創意經濟的前提，而「城鄉人民」的創意生活展現，更是孕育出創意經濟與風格社會的終極基因。

生活空間與生活風格

心有閒適空間，生活才有趣味。
「生活空間」是台灣各地亟待加強的一環。

對巷弄生活家與創意生活產業而言，空間是重要元素之一。一方面空間涵養風格（空間形塑人的風格）；另一方面，風格形塑空間（人的風格形塑空間）。

台灣經歷了幾十年「製造大國」，在全球商品供應鏈中擔任高品質、高效率又短交期的製造代工與運籌任務。例如，全世界近九二%的筆記型電腦都是由台灣人操盤，在大陸華東地區製造。現在中國逐漸取代台灣「製造大國」角色，台灣則轉型成「設計大國」。

台灣自二〇〇三年至二〇一二在全球四大設計獎中（德國 iF、redDot、日本 G Mark、美國 IDEA）已獲得一千六百五十二個獎，經常是主辦國以外第二大得獎地區。亞洲中除了日本與泰國外，台灣在「設計」這一場域中正漸露頭角。

雖然台灣設計逐步啟動，但仔細考察，「台灣設計」尚未如「和設計」、「泰設計」般在全球有較清晰可辨認的容顏。原因可能出在過去太多設計能量投注在 3C 產業（包括台灣最具世界競爭力的資訊／通訊領域），其他生活領域設計資源則被吸編而顯得稀薄。

台灣要成為真正的「設計大國」，必須先把自己建設成「生活大國」。在國民的生活空間（創意城鄉／街廓）、商業空間（創意生活店鋪）與創意商品設計中都投注大量心思。

這其中，生活空間可能是台灣最弱的一環。

閩南語「心適」是很有趣的詞彙：心有閒適空間，生活才有趣味。「趣味」對設計創作（事實上，對一切的文化創作）是非常關鍵的元素。所謂閒暇（閒適）是文明創造的基礎。這個閒適指的是時間、空間與心情三個向度的從容、自在與閒逸。

「心適」的空間——綠色、水色與夜色

像台北市的主街道，除了仁愛路三段、敦化南路、中山北路與辛亥路台大側門一段等，街景並不「心適」。反倒是主街旁的巷弄小路頗有可觀，像富錦街、青田街、溫州街一帶。只是一個很大的缺憾是巷弄兩旁常常停滿了車輛，使得巷弄理的生活空間顯得非常局促。大家似乎也習以為常，出門就是緊張局促的空間，居民生活不自覺地存在潛伏的緊張感，不容易怡然自在。生活局促緊張的人很難發展出創意事業，也很難欣賞創意設計。

信義路兩旁的路樹因捷運工程被移走，近年來在鼎泰豐二、三樓吃小籠湯包就失去了落

地窗外成片綠海與室內兩旁壁上書畫精品相互映照的「心適」。

華山與松菸文創園區的拓建，希望能多鋪陳台北城的「綠色、水色與夜色」空間。「心適」的空間，同時影響創意設計的供應鏈與消費鏈。台灣要做「設計大國」，先把「生活大國」的創意空間整理好吧！

最近大前研一也建議台灣的政府不要走入日本政府一向以來的「產業、產業、產業」思維，而要開始有規畫台灣成為一個「生活者大國」的新思維。

「生活者大國」的建設其實就是「擴大內需」的建設，也是「創意生活產業」的建設。「生活產業」部分民間活力充沛，創造力十足（例如，台北約有兩千到兩千五百家 café），政府不用太費心思，只要幫忙搬開一些「石頭」就好。

而一些公共空間的管理（如前述的巷弄生活空間）與經營（能否像日本水準，東京、大阪市區任何地鐵站都是十分鐘以內步行範圍，生活十分方便），則唯有仰靠政府體系的力量才能有效推進。

巷弄創業家的智慧資本與風土資本投資

除了人力資本投資外，「知識經濟」強調科學技藝，重視生產資本投資；「美學經濟」強調風格技藝，重視風格資本投資。

巷弄創業家要對國民或旅客創造真實價值，其城鄉街區創意生活事業仍然要依靠投資。除了投資人力資本外，「知識經濟」強調科學的技藝，重視生產資本（材料與製程技術）的投資；「美學經濟」則強調風格的技藝（著作權、設計專利），重視風格資本的投資。

像風土與工藝，屬於科學的技藝；設計與空間（氛圍學），屬於風格的技藝；科學的技藝與風格的技藝，是街區創意事業附加價值提升的成對雙柱，巷弄創業家們均須投注心力。

巷弄創業家在智慧資本與風土資本方面的投資，可概述如下：

一、投資風土與工藝資本

風土資本，包含：品種、經緯海拔、土壤、氣溫、水氣溼度、陽光雨水氣候。

工藝資本，包含：外顯知能（品種知識、節氣知識、供應鏈知識），與內隱知能（手、眼、身、步、法等身體動作與記憶，與眼、耳、鼻、舌、身等五覺共感稟賦）。

二、投資設計資本（產品設計、商業設計、空間設計）

包含：物件與器皿、近身服務設計、服裝、布景、道具、音樂、燈光、座椅、桌子、掛畫、花景花藝、香道等。

三、投資城鄉空間與文化資產（歷史建築、古蹟、歷史風土街道）

空間包含：立地現場、街廓天空線、城鄉地景、山水紋理等。

這部分主要是公部門的職責。

相關法律有文化資產保存法與原住民族傳統智慧創作保護條例。例如古蹟、歷史建築的保存攸關國族記憶與國民「情緒與形」的情感經驗，而原住民族傳統智慧創作（宗教祭儀、音樂、舞蹈、歌曲、雕塑、編織、圖案、服飾、民俗技藝或其他文化成果），源自遙遠之年代，透過代代口耳相傳，又因歷代創新思維的不斷注入、融合與演化，始終持續散發出新的智慧光芒。

這些文化資產都是創意的基因與創意產業的養分。

巷弄生活家的心靈力量

「有多久，你沒有上山，在樹與樹之間流汗，
在雲與鳥之間，忘記了自己？」

我們每個人當然都有各自的職業與位分，例如教師、記者、司機、工程師等，但我們是否經常忽略，無論你的職業與位分為何？首先，我們得先做好一個人，然後才會有恰如其分的職業／位分的修養。

企業人也是一樣。台灣的企業人有舉世稱譽的「工作」態度——勤奮、紀律、追根究柢、合理化——但是，台灣企業人的「生活」態度如何呢？

近幾年來，台灣的企業與社會對企業人有新的期許：除了勤奮、紀律的工作態度外，還期許我們的企業人做「創意工作者」。

如果能在勤奮、紀律的工作態度外，再做到「創意工作者」的位分，這當然是很好的企業人品質的提升。但是，台灣的企業與社會，卻似乎對企業人，該不該追求，能不能追求成

為「巷弄生活家」？不是那麼贊同。

創意工作者須鍛鍊自我的「軟實力」

我們的社會與企業，似乎一直不太理解：「創意工作者」必須大力鍛鍊與提升自我的「情報輸入力」、「綜合判斷力」、「發想力」與「原創概念構想力」。而這些「軟實力」，都得從工作與生活中，培養敏銳的覺察度開始著手。

特別是創意生活事業經營者與生活達人，更要訓練自己的覺察力。可以從「用素樸的心觀察當下現場」開始，以製造現場與銷售現場，甚至身為「一個人」的生活現場等田野觀察入手。生活事業經營者與生活達人，可以訓練自己如同人類學者觀測一個族群、一個部落的儀式，以及風俗與社會行為，並了解其意義般，考察事業經營活動發生的現場。對生活每一個「當下」情境敏銳地覺察，是生活達人工作創意最佳的起始點。

前述說法，已經把生活達人的「創意生活」當作「創意工作」的前提條件，似乎已經將「優質生活」當作一種「工具價值」，而非「目的價值」看待。但這並非筆者本意，無論如何，「優質生活」的修為，本身就是任何「一個人」可以追求，應該追求的「目的價值」，無論他的職業與位分是否是生活達人或創意生活事業經營者。

生活達人，擁有一種極少見的獨特光芒。「能不能配合自然的韻律，放慢生活的節奏，把快食變成慢食，把工作變成樂趣……」。「有多久，你沒有上山，在樹與樹之間流汗，在雲與鳥之間，忘記了自己？」真正修養深刻的生活達人，即使具備長期經營創意生活事業的職分，仍能一貫守住對生活每一個「當下」情境極敏銳覺察，並能在生活中的每一瞬間，一舉一動，一呼一吸都能清澈明白地自我覺知，這真正極為難能可貴。

就筆者所知，一般企業經營者中，可以說出「往往生活中的小事，卻是修行中的『大事』」這種話語的，恐怕不是很多。

有台灣知名的企業經營者，與同仁一起吃麵，速度奇快無比，似乎只求「有效率」地「吞下」。所謂「吃飯時好好吃飯，喝水時好好喝水。」、「一行三昧」，對彼等似乎是極不可思議。

筆者曾幾次帶領在大學EMBA進修的「企業人」學員，到日本關西考察他們的生活產業。楓影搖紅時節，或到京都南禪寺旁聽松院，或到順正書院享用湯豆腐。

企業人的高下，差異處微矣

有時坐庭院邊「緣側」（各居室間聯絡通道）的紅毯上，身旁枯山水細白石灘，疊映著秋陽寒意下的枯籐、老樹、剪影，風姿幽玄，一派閒情。有時坐翠松雲影下的池上川床，在松蔭與水塘倒映的楓紅錦影上進食，松風徐來，水紋細細。或乾脆就坐進「書院」內「床之間」的「無一物」立軸旁，書院外有松青楓紅與水影搖曳，「苔痕上階綠，草色入簾青」。書院內則豆腐食材（水、木），陶鍋爐火（火、土）供主客佐興。素淨的「湯豆腐」席，卻啟動了人與人間「五覺」的共同感應。香醇胡麻豆腐白晰細滑如「京女」肌膚，在你唇齒之間挑逗滑送，陶鍋上升起裊裊白煙香氣。更重要的，則是瀰漫「書院」內外的「第五元素」——「佳友良朋間的情意交流」，最是人間溫馨可貴的緣分。

「湯豆腐」料理用的是極其素樸，近乎「無味」可言的豆腐做食材。但日本人卻以禪宗式的「平淡中見真諦」。用「湯豆腐」為媒介，強化人敏銳的感官領域延伸，深入動人心弦的感受思維，並進而探索我們感官的極限，以「五覺」共同激發創造力的潛能。

所謂「創造力的強度，來自感受力的深度與廣度」，從對「官能五覺」的不斷深入探索體驗。創造力如青春之泉般不斷泉湧而出的力道，完全正比於「五覺」的體驗深度與廣度。

回台後不久，一次在課堂中討論「色聲香味觸」與「飲龢食德」關聯。提到上述回憶文詞，很多EMBA學員低聲交頭接耳，私下竊言：「我們去的是同一個地方嗎？怎麼沒有看到這些情景？」

相對的，生活家卻能從「小淨土」與「心靈的旭日東升」，「動靜二相，了然不生」，「隨緣好去」，「獨自自知的微笑」，「與聖賢同一鼻息」等話語，不斷朝向一些經由日常生活修為入道的法門前進。

當然這些修為法門，不能以論述推理習得（大概可比擬前賢所稱的「道問學」），而只能親身體驗，才得以理解（前賢所稱「尊德性」）。生活家／達人的修為無關乎「知識的學問」，而是一種「生命的學問」。

生活家／達人的修為，本身固然就是一種「目的價值」。但是當這樣一位生活達人，從事的職業與位分是「生活事業經營者」時，擁有「優質生活」的生活家／達人就會衍生出開創「創業工作」的創意生活事業經營家來。

這個觀點的重要轉折來自前頭已一再述說的認知──「創造力的強度，來自覺察感知力的深度與廣度」，從對眼、耳、鼻、舌、身五覺不斷深入感知體驗，創造力將不斷泉湧而出。

統一企業體的林蒼生先生「四十年入世」的事業經歷，也能印證筆者上述的觀點。在台灣地區人均GDP約達七千美元時，林先生覺察台灣消費者對文化層次附加價值正萌發提升中。當年他主導「統一」企業開發「左岸咖啡」，在產品概念、包裝設計、廣告營銷創意上，精準地放大運用「巴黎左岸」這個代表詩、哲學、藝術、音樂。豐富象徵意味的語詞，打動了一整世代台灣藝文青年與藝文中年心中的那根弦，共鳴感動，久久不已。統一「左岸咖啡」的成功，外緣條件當然是呼應了消費者日益重視文化層次的附加價值需求條件，但更重要的是內在條件上，統一有這樣具敏銳感知力、覺察力的「企業人」能「看見」這項上升中外緣需求條件，並予以精準地回應。

正如林先生所說：「射箭高手，在精神專注到一個程度時，那看起來如豆的箭靶，會變成月亮一樣大，因而百發百中。而棒球的打擊手，在精神專注到一個程度時，從投手飛來的球，速度看似愈來愈慢，以致可以一出擊就是全壘打。」

囫圇吞棗的企業人，可以「Look everything, But see nothing.」，入聽松院而未覺楓影搖紅。一行三昧專注每一刻每一當下情境的企業人，則不只過每一當下優質的生活，也能瞬間抓住機遇，推出創意工作成果。

所謂企業人的高下，差異處可能就是這個。

巷弄創業家的終極競爭力

最極致的事業模式就是要做自己，做你原真獨一無二的自己。
靠自己生活與生命經驗的累積，來推展出原創經營模式。

原真性（Authenticity）已經取代品質成為消費者購買的主要標準；就像當初品質取代成本，以及更早成本取代可靠性一樣。這四項陸續扮演主導角色的顧客敏感點分別是：

1 便利性：基於供應可靠、便利（reliable supply）而購買。
2 成本：基於價格平易近人（affordable price）而購買。
3 品質：基於產品性能（product performance）優異而購買。
4 原真性：基於與消費者自我形象（self-image）一致而購買。

因此，在原材料的便利性、商品的成本、服務的品質之外，巷弄創意事業現在必須加上體驗的原真性，並將它視為經營的重點。

特別是對巷弄創意事業感興趣，具有「創意心靈」的目標客層，他們更是渴望在「較原真、原產或接近天然的場所」，獲得「更主動、原真且參與式的體驗」。

創意心靈渴望原真性體驗

無論是一般消費者或企業客戶，市場買家已經不會因為產品是否買得到、價位負擔得起，以及性能優異而買單。現在，大多數人買不買，取決於產品與他們自我印象認同的一致程度。

顧客所購買的必須反映出他是怎樣的人，以及他們渴望成為怎樣的人。這涉及到人們對世界的理解，以及當下對「真實」或「虛假」的判斷。

其實創意事業要經營「原真性的事業模式」，第一招起手式恐怕得是經營者與同仁都先得經營自身「原真性的生活模式」。要顯得原真，意味著要創造自己的風格和生活型態；而且，要「忠於自我」，「成為你說的那個人」。

因為事業體雖然可以擁有一個品牌／形象，可是實際上，顧客才是真正的品牌／形象擁有者。「真正顧客導向的行銷，必須由顧客自己來定義品牌／形象。」

你可以用虛假欺騙一小撮人一輩子，或騙所有的人一時，但你不可能欺騙所有的人永遠！供應者對最內在的自我保持真誠，是創造市場上稀少性最終極的「原力」來源，因為每個「真我」都是獨一無二的。而獨一無二的「稀少性」，是創造價值或「準租」最真實、最實在的策略。

像台北的「食養山房」，雖然位於汐止山上，但客人近悅遠來，海內外食客絡繹不絕。不早幾天訂席，經常客滿向隅。世界知名的美食大國法國駐台代表，就常攜妻女上山房。有一次我請時任外交部次長的朋友在食養相聚，就巧遇法國代表一家人。

食養山房從主人到空間陳設布置與菜色，無一不彰顯原真的本質。它的原真獨創性使得它昂然立身，不用與「同行」競爭。其實，它根本沒有「同行」。

主流事業經營思維習慣於「規模經濟」的理念，總認為規模愈大，甚或連鎖經營，才能降低成本，提高績效。很少人懂得創意事業的「深度經濟」思維——以真正來自生活體驗的創意，一步步安靜地沉澱累積。不是為了表現而表現，甚至也不是為了取悅客人。從基層開始，思考要端正，工序則按部就班。所謂端正就是不要急功近利，以自己所沉澱累積的生命經驗的感動，做出任誰看了都會喜歡、都會感動的作品。

巷弄創業家：一個人，沒有同行

創意事業最極致的事業模式就是要做自己，做你原真獨一無二的自己。靠自己生活與生命經驗的累積，來推展出原創經營模式。因為這樣你不必與人競爭，也沒有「同行」，你就端正地站立在那邊吸引大家的眼光。

傳達個人化關懷、量身訂做的、手感式的產品或服務，也是巷弄創意事業表達原真性供應的另一種法門。

即使企業規模不大，也可以執行一套內隱的系統制度，提供顧客永難忘懷的服務。價值最高的服務，就是在顧客不察覺的情況下，用心傳達你對他個人化的關懷。

台灣的肯園芳療與美國克利夫蘭一家SPA，造型設計師和芳療按摩師均會將每次與每位顧客諮詢對話的內容輸入資料庫中。每位顧客下次再光臨前，芳療師必須事先回顧資料庫中前次諮詢對話的內容，目的是給顧客留下獨特的原真性服務的深刻印象。

巷弄創業家創建風格的技藝

材料、設計、場所、手工藝、精神，
是巷弄創業家追求原真性的經營模式，必備的五大法門。

巷弄創業家追求獨特的價值創造，經常仰賴五種法門：

一、初級產品，要展現天然素材的真實性

巷弄創業家所提供的商品或展售空間的裝飾，都以在地食材、素材來呈現及表現，透過回歸本質的原始元素，傳達具有在地精神的生活態度。來客者眼睛所看、口中所食都是在地元素，將可直接與來客者產生共鳴。

以「水來青舍」為例，所提供的有機餐飲食材，就是所處之地（桃園觀音鄉）附近農家所栽種。觀音鄉從前因為青年人口外移，大部分農地成為休耕地，而後因為附近農家與水來青舍合作，開始普遍培育有機蔬菜，水來青舍帶動觀音鄉的農民，活化觀音鄉的土地資源。

透過源自於當地的素材，不須刻意渲染加強它的故事效果，就可以簡單直接地打動人心。透過這些原真素材為媒介，讓外來者快速與眼前這場域產生關聯性，進而產生共鳴，當事者所體驗的記憶自然會深刻。

二、有形商品，要展現原創設計的真實性

要傳達原真性體驗的生活模式，巷弄創業家們在有形商品上，常展現原創設計的真實性，並傳達事業品牌的原創個性，才能真實地觸動消費者的內心。

像 The One 經營南園，其餐食有著法式裝盤的精緻和新竹地方客家食材的新鮮。而其餐廳使用的刀叉匙杯盤，均為 The One 原創食藝系列設計。

The One 在南園人文行旅也以東方文化為底蘊，融入在地文化精粹，以剪紙裝置藝術，重新詮釋年節款待，打造不一樣的新春文化走春體驗。馬年以馬踏飛隼發想的春馬吊飾，乙未金羊年則設計三羊開泰吊飾，以文化剪春體驗為新春帶來滿滿的好運。

除了全新的剪春創意之外，The One 團隊更持續發揮剪紙魅力，配合農曆春節的來臨，推出以團花剪紙為概念的十二生肖杯。不倒翁圓身造型的十二生肖杯，每一個圖案都隱藏著特有的文化祝福，如羊年生肖杯的圖樣即象徵溫羊厚仁福圓如意，一整套的十二生肖杯並對應著四季節氣色彩，豐富的文創內涵，也表現獨一無二的原創真實性

三、獨特服務，展現手感溫度的真實性

巷弄創業家總是展現發自硬體友善與人員友善的獨特服務，服務人員誠諸中，形於外的態度，推行獨特的手感溫度的服務體驗。

例如食養山房，林炳輝先生說：大夥九點半一起做早課，擺茶席，點蠟燭，誦讀三遍《心經》，分享禪宗語錄。後來因應大家初入門的程度，改講解《論語》，以佛家思想解讀儒家，及做人、做事的道理。慢慢的，「員工的內心狀態有所改變，所有員工在端菜時就散發一分寧靜。」而對林柄輝自己也是，當大家都以他為榜樣時，身教就很重要，這也提醒他要時時端正自己。此時，食養變成一個道場，而不只是一個餐廳而已。

四、場所體驗，要展現引證歷史傳統與文化參照架構的真實性

原真性體驗的事業經營模式，應擁有足以參照文化或歷史傳統的空間。在此差異空間體驗各種事物，都會有加乘的效果，厚實了消費的深度與廣度，同時也不易被取代。

例如新竹北埔的「水井茶堂」與「街角生活茶博館」，都是利用國家一級古蹟「天水堂」的右外護建築修復而成。在一級古蹟的水井茶堂內品嘗一杯獻給英國女皇的北埔東方美人茶，輔以古厝內的氣息與歷史，這就是專屬於水井的味道，獨一無二，無可取代。街角生活茶博

館中展示昔日北埔出口外銷的茶罐與茶桶，讓人不禁走入時光隧道回到過去，與往昔北埔因茶買賣興盛的歷史做連結。

在北埔洋樓中舉辦茶會也是相同的例子，「姜阿新洋樓」足以看出北埔在民國三〇年代，出口茶外銷事業的發達，雖然當時戰後物資缺乏，但依舊可以蓋出如此優美的華宅。在地居民及遊客，透過古蹟，透過洋樓茶會，在這個展現引證歷史真實性的空間氛圍中親身體驗，加深了原真式情感的連結，讓人回味再三，創造更高的附加價值。

五、精神轉化，要展現淪肌浹髓，深刻影響的真實性

不管是品藝、品味、品遊，最高的境界，是可以深刻影響顧客，讓他們的身心靈因此而變化，轉化為自己所獨有的精神與感受。

一位研究美學經濟的學者形容，來到食養山房慢慢享用兩、三個小時約一千元的餐飲，或是品味下午茶時，可以清楚觀察到每一位客人一進到食養山房，臉上線條立即變得柔和及快樂。

「這裡不是奢華，而是素華。」這位學者說。

六、風格的技藝：材料、設計、手工藝、場所、精神五大法門

聯合國教科文組織憲章中明定以維護人類歷史文化為目標，決定哪個場所可以列入受保護的世界遺產名單，定出「世界遺產公約作業準則」。這套「原真性測試」根據「設計、材料、場所、手工藝」，以及「使用、傳統和精神／情感」所設定的甄選規則。這套規則其實正好對應了上述五種巷弄創業家追求原真性的類型：「材料」（天然的）、「設計」（原創的）、「手工藝」（獨特的）、「場所」（參照的）和「精神／情感」（轉化的）。

事實上，全球各國被選入聯合國教科文組織世界遺產名單中的各地城鄉，都成為該國睥睨四方，幾無競爭對手的「文化觀光」資產。

說到底，發源自城鄉創意生活事業內在「真實認同」，所形塑出「真實能利用厚生的經濟產物」，因為經營者與同仁都能「誠諸中，形於外」，才能確實讓顧客「體驗真實」，並觸動顧客內在的心弦，永誌難忘——這就是最高明的「體驗真實」經營模式！

PART 2

巷弄創業家的風貌

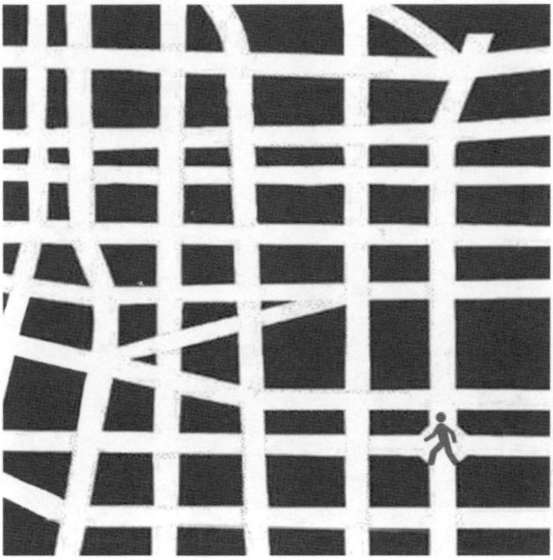

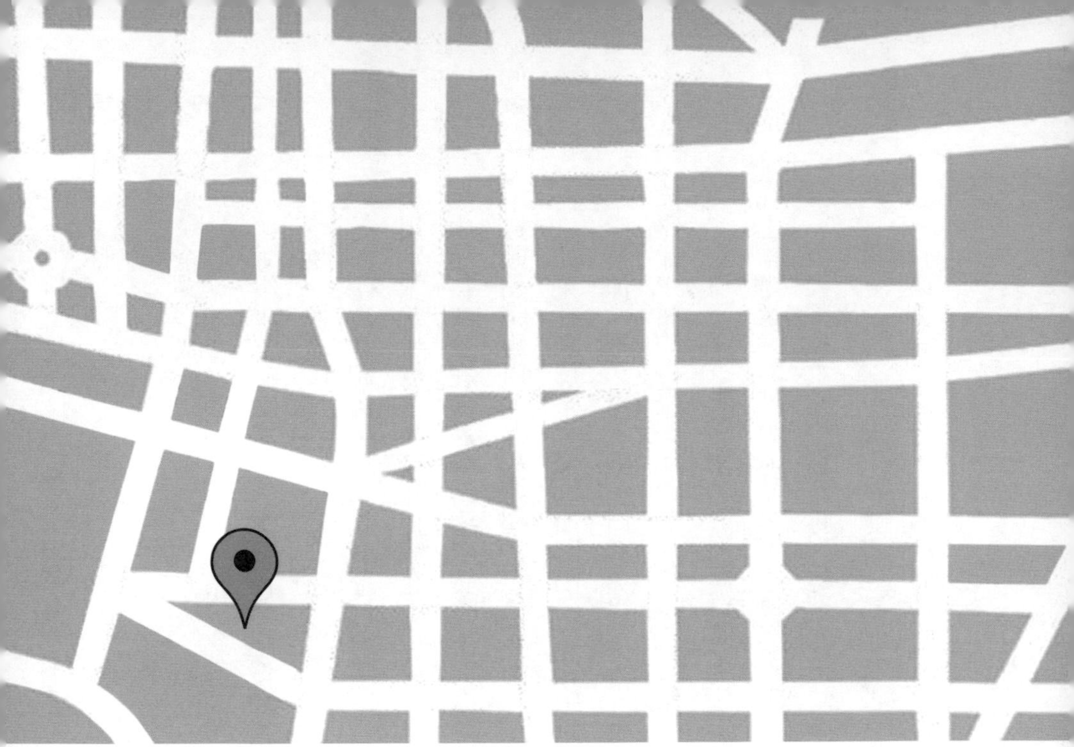

深山閒居生活，心適自在空間

——食養山房

茶禪一味

那年光復節台北下著雨，吃過午飯後，驅車向汐止五指山食養山房參加清香齋特地舉行的茶會。

「半生觀起落，三十載看浮沉」的谷芳兄，喜歡比擬「食養山房」宛若王維終南山下的輞川別墅。他放了好幾條錦鯉在山房荷花池中，還帶了兩隻大白鵝安置在山房五號這邊的山溪中。每次坐在溪邊禪房中喝食養朋友泡的茶，看白鵝胖嘟嘟地在溪中自在優游，或溪畔草地搖頭晃腦盤桓，非常逗趣。

如果在禪房茶室邊，橫跨山溪溪谷中架起川床，閒坐山牡丹旁，欣賞奔流山溪沖激溪岩四濺清涼水珠，再輕啜一口武夷岩茶，豈不是活生生京都北山貴船川床料亭或是鴨川川床風流雅緻生活的再現。

茶會下午三點開始，先隨意巡覽了三十席清香齋茶人各自精心布置的茶席，花道、茶器、几上繪事後素的細緻織品桌巾，自然美不勝收。

今天茶會主題特別殊勝，特地安排請來一位仁波切，在食養山房供奉的精緻食事後，為大家開示「茶禪一味」的道理。這位仁波切非常風趣，形容今晚在「食養山房」的一期一會是「台灣懷石」之夜，吃飯的時候吃飯，喝茶的時候喝茶，把心安住在當下是「氣味禪修」

的要訣。

當晚開示道場外有風有雨，花葉飄搖。在風、雨、音、色、光中，練習把覺知保持在當下。窗外山風飄搖樹葉，心卻要安在當下。不去擔心未來，也不去懊惱過去，就是活在當下這裡。心在這裡，身在這裡，茶也在這裡，茶從舌尖流遍全口腔。身、心、呼吸、舌均相結合，把心帶回你自己身上，心身合一，保持平衡。

下午曾與杭州西湖畔「如廬」承香堂主人偉業兄歡談，不久前與食養主人連袂到台北不二齋體驗香道，席中才提到如廬。這次就能在台北食養會面，真是有緣。

我問到他怎樣對香道產生興趣，他說他是從看燃香的煙開始的。從喜歡燃香的煙型開始，常常夜晚一人獨坐癡看裊裊煙絲蜿蜒飄渺消散，為此還特別拍攝了一輯「蓮台凝香」，配合笛簫大師杜如松在承香堂的演奏，觀煙品茗，聞香悟道。近日靜坐讀書時常播放此DVD光碟，燃上沉香，頗得佳趣。

漫遊人生，隨遇而安的林炳輝

某年十一月難得的冬陽露臉，到達食養，往昔門口喧鬧不已粉白錯落的木槿花已不復見，只剩芥末綠的葉子意興闌珊地招手。初冬的蕭瑟感已顯現，即使是非假日下午一點鐘，人潮依然未減。訪客在門口向服務員投以詢問的眼光，經過確認後，眼中閃爍著期待紛紛步入。

本打算先逛逛食養的風景再進行訪談，所以依約提早了一個小時到達，延著斜坡道施施而行遠方就見到一位白衣唐裝男子迎面走來。一襲素白的短掛唐裝，簡單的黑長褲，短短的平頭，橢圓黑框眼鏡，清瘦的身材，渾身上下散發著人文氣息的店主人，他就是食養山房主人——林炳輝。

「漫遊人生，隨遇而安。」這是我看到林炳輝的生命寫照。他說他跟別人不一樣，沒有遠大的志向，對未來也沒有明確的藍圖。「但生命就像一部小說，有很多伏筆，會成就你日後的結局，只是我們身在其中不知道劇情而已。」林炳輝說。

雖然他對人生沒有太積極的計畫，但認真面對生命中每個境遇。「看似不重要的東西，我遇到了，都會用心去學習，日後它們都變成我的寶藏，以至於在經營食養時，有一個龐大的資源庫，源源不絕。」

林炳輝笑說其實會進入建築界並沒有想太多，年輕時為了生計就進入工地做事。八年前原本是一名繪圖師，每天過正常的上下班生活，但平常就喜歡親近佛學及美感的事物，下班後就常看書或看電影。雖然建築業並不是他的最愛，不過也慶幸有這個專長，之後才可以親手將食養山房的概念體現出來。

三十歲時，生命出現了轉捩點，朋友開設「伊通公園」，提供給現代藝術家發表作品的平台，他常常去走動。「當時我也看不懂他們的作品，但也不排斥，就是靜靜地聽他們說明。」

他回憶笑說。茶道也是在那時涉獵的，而茶道話題總是脫離不了空間規畫。隨著頻繁的交流次數，漸漸的他覺得觀念以及說話的方式改變了，當他身在工作場域，同事們開始不太懂他講的話。林炳輝察覺當時的他正在脫離以前的自己，蛻變成另個人。

察覺到內心的聲音

當了很長一段時間的上班族，雖然對未來沒有遠大目標，但不滿足於現狀，加上自己對美感的渴求特別強烈，總覺得心中有個聲音一直在蠢蠢欲動，要他去做其他事。問到有沒有因為擔心會失敗而安排退路？「會走到這一步，我已經沒有退路了，人生過了四十，這是最後一次機會，我必須奮力一搏。」林炳輝訴說當時創業的心態。

十年前（當時四十三歲），不經意路過新店山區，看見一家土雞城門口有兩顆老樟樹，姿態十分優美，加上雙峰山的背景線條，更是美不勝收，於是就記掛著這美景。終於等到土雞城要出租，他喜出望外立刻租下，原只想把它打掃乾淨，布置自己喜歡的空間，雖然沒有立即想到用途，心中想著至少可以把電腦搬到這裡來工作。

林炳輝說：「選擇放棄，反而得到許多。」他回憶當年到新店山居時，周圍環境尚在整理中，沒有目的地享受著田園生活，正巧旁邊有山泉水，很適合泡茶，所以朋友漸漸來泡茶聊天。「一開始是抱著與有緣人分享自己優哉生活的心情，因此只有三張桌子，後來客人漸漸有期待時，我就覺得有必要朝專業努力，尤其是當餐飲逐漸變成講究五感行銷的文化創意產業後，我們更須隨時調整。」

離開都市歸隱山上，並沒有擬定任何計畫，只想放下過去，與自然為伍，卻創造出獨特且具有禪意的飲食文化。「我讓自己有一個向自然學習的機會，不用過去所累積的知識思考，大自然教導我許多。之所以會選擇經營餐廳，轉折點是為了生活，也讓自己有機會，和同樣喜歡山野的朋友碰面。」後來想找一個可以完成夢想的空間，來實現心中所想。這是由外放的學習，內縮到心靈尋找能量的轉折變化。

林炳輝不斷強調，要從事創意生活產業，重點在於「道」「藝」合一。「道」指的是店主人必須有深度的涵養，在吸取各方知識後，經過心靈的潛移默化，所衍生出的一套美學判斷；「藝」就是展演空間場域的技藝，必須要有深厚的技藝深度，才有能力去實現理想中的境界。兩者缺一不可，只有道，就算萬千理想未免淪於空談；空有藝，創造出的東西也只堪稱匠氣，唯有道藝合一才是創意生活的精髓。

沒有菜單，依時令提供佳肴

人稱食養山房的菜是「台灣式的懷石料裡」，會衍生出這樣的菜色對林炳輝來說並非偶然，他謙稱沒有菜單是因為「不會做菜」，憑著平常做菜的經驗，所有菜色都是自己研究的。

「其實我的菜就是台灣「辦桌」的概念。記得小時候家裡如果有辦桌一定很開心，有東西吃又可以盡情地玩。我就是以辦桌的心態，用高興的心情宴請來到食養山房的每位客人。而菜的口味就是依據童年媽媽做菜的味道，我只是將它重現出來。菜餚從日本生魚片到宜蘭國宴菜糕渣都有，端看當天的進貨食材而定，每一道菜之間配上店裡自釀的花果醋、水果酒等，舌頭盡享懷石料理的「變奏曲」。食養山房混合了各地料理，有人以為不太講究，其實追溯台灣整個歷史文化脈絡後，歷經日本統治、外省兵撤退來台，日本生魚片會跟糕渣一起出現在餐桌上，就是一種屬於台灣的新飲食文化。

基本上，食養山房的菜餚都是依著時令轉換，大約三個月更動一次，完全回歸到以往農家的起居飲食習慣，吃當季盛產的食物，順天而行，將自己還諸於天地。視當天市場最好的食材而定，取材來自宜蘭的新鮮生魚片、東港的烏魚子、白河的香水蓮花等，都是台灣在地精采的食物，這也是主人本身的口味，「食養賣的就是我想吃的，不論空間或食物都由我來貫穿，想法、感覺才會一致。」

從烏來到陽明山松園，再遷到五指山

二〇〇五年十二月底，林炳輝將擁有上萬棵黑松聞名的「松園」，改造成深具自然人文的禪林餐廳。古樸的日式門房，低調中讓人不自覺注意它的超脫與不凡。

總面積有十二甲，真正用餐的空間也不過一百多坪。對一般餐聽而言，也許浪費，但對食養主人林炳輝來說，「空間，反映心的意境，空間乾淨了，才能與心靈產生對話，這是一種微妙的內在互動。不必要的東西會離開這個空間，就像你離開心裡的做作一樣。」

相信來過食養山房的民眾一定對這些有濃濃禪風的設計難以忘懷，想說是出自哪位名設計師的手筆。「我認為食養是自己『長』出來的，它是持續不斷的發展，所以一開始也沒有所謂的『開幕』，到現在也還沒有達到我理想的境地。」林炳輝娓娓地訴說。食養山房完全是依照主人林炳輝自己想要的空間來規畫。他強調空間設計，雖然創意很重要，但是其中一定要包含對人的「體貼」，而他也不是完全沿用日式空間，經過一再的簡化，讓布置還原到最簡單的元素，追求極簡的原則，「我採用的顏色往往是最淡的，布置也是一點一點加上去的」林炳輝說。「一個人之所以會有創意，那是因為喜歡，而不是為了討好別人。想想，設計師會幫你設計，也會幫別人設計，那就只能算是『設計』。」林炳輝認為這就是食養的魅力所在。

二〇一〇年食養山房遷到汐止五指山麓，面對新的空間，林炳輝想要歸於初衷，他說：「根本不須考慮市場，我覺得今天有口飯吃就滿足了，我就小小地做，好像有把那個氣度展現起來。但其實他是很小的，不可以有虛榮心，如果我本身感情夠的話，我願意往生命的理想走，我正在思考，可以把它帶到一個怎麼樣的感受，因為環境不同、空間不同、心境也不同，

它就應該更竣勇、更沉澱，跳脫一般商店，變成你的人生。」精實收斂食養，不採商業模式經營，目前的想法也許還不夠成熟，未來的食養山房將更有別出心裁的新意。

空間改變了心境

空間就是是一種「視覺」，視覺滿足後，就可以感受到「空間」，時間久了，人就在空間中慢慢地轉變。這就是潛移默化、耳濡目染的力量。住在山中，每天接觸的就是大自然，感受最直接、原始且真誠地教導。每天與山中的一切往來互動後，漸漸地放掉心中一些不必要的東西，這是一種「禪」的生活。只要放開自己的五官去「感受」，就可以接受到大自然教導人們的訊息。人之所以有不愉快的情緒，就是拚命追求滿足自己的慾望，在這拚命「往外抓」的過程中，自然就產生了痛苦。

禪學是一種簡化生活，以「減法」過簡潔的生活，減少多餘的東西，減少讓自己增加負擔的想法，更簡單地「活在當下」。所謂的簡單也是一種豐富，而這感受的過程，不須「很用力」，規定自己一定要過什麼制式禪學、佛學的生活，而是透過空間，讓整個視覺平靜、平衡地去感受與體驗。

林炳輝說：「環境空間就是最好的老師。當環境在教你時，不會說：你要這樣做才對，你要怎麼做才比較高級，都不是！而是讓你慢慢靠近感受，啟發每個不同的資質，經由內在發揮出來時，會讓人醉心投入。」很多食養山房的熟客三不五時要來食養山房「洗滌內心」，聆聽隱身在社會價值觀後的內心渴望，食養山房的空間，給大家一個休息放鬆的場域。

到食養山房用餐或品茶，沉靜兩、三小時後，每一位客人，進來用餐時的表情，到飯後走出食養的表情神態，臉上的線條明顯柔和，腳步也轉為輕快，內心散發著愉悅與自在。

不以競爭為目的，只在乎把事情做「對」

食養山房的成功並非一蹴可幾，在經營的前幾年，也遭遇到門可羅雀的窘境，也許以一般商場術語，早應該日設定停損點。林炳輝卻認為這不僅是他的事業，也是他喜愛的生活方式，如果放棄了事業，也等同放棄了生活。

現在食養山房這麼炙手可熱，問起怕不怕被模仿？林炳輝一派輕鬆地說，外表學得來，不過深度是沒辦法模仿的。他表示：「發自內心的愛，對事物產生的熱情，創造出來的深度是可以經得起考驗的。」

現在消費者很精明，如果只是抄襲外表的形式，很快就被察覺了。食養山房不以競爭為目的，是以內心熱情來驅動，只在乎做「好」事情，加上林炳輝不斷向外取經、吸取知識，納入新元素。如果有人存心抄襲，也會因為忙於追趕，而焦頭爛額。

我不是藝術家，我只是工作者

食養山房今日的成果斐然，對生活、空間美學方面，林炳輝自然也獲得多方的肯定評價，但他還是謙稱：「我不是藝術家，我只是工作者；我只是將藝術落實在生活的工作者。」

他表示規畫空間美感或是與藝術家交流，這方面可以滿足他對藝術的需求；而從事平日生活瑣事，例如打掃、接待，他也不假手他人。他認為這是體驗生活的本質，藝術與生活的比重對他來說必須等同。

因為如果只做高調藝術，離生活太遠，未免落於虛無；只為生活計較，就會顯得市儈，唯有結合藝術與生活所產生的親民文化，才可以激發生活中的創意。

堅持理念一貫的他，為了確保品質，凡是親力親為，林炳輝表示：「人家開一家餐廳要組合好幾種專業人才，我是把幾種專業都組合在我身上。」在食養山房裡，所有工作人員展開工作之前，他都堅持示範給員工看如何操作，等到員工的操作讓他覺得可以了，才放手。

與員工共同成長

食養山房的員工很多都是由客人介紹，要不就是由客人變成員工，他們都有一個共同點——非常認同林炳輝的理念，也都願意追隨他，形成一個共識極堅強的組織。林炳輝說：

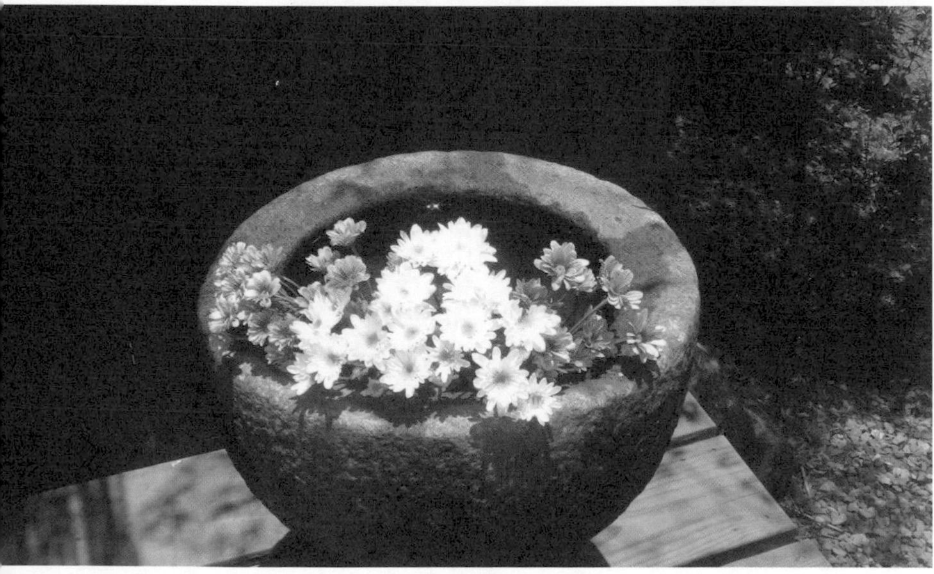

「員工以他為標竿，他更會注意自己的一言一行。」而食養山房對內部人員來說，更是一個修煉人生的道場。即使是服務員也不被視為一般的端菜員，而是思考著他未來可能成為某家餐飲業主管時，要營造出的氣氛是來自於自己，如何創造一個藝術的氛圍，所以所有員工都被要求從基層磨練起，林炳輝認為這樣他們對食養山房的運作及精神才會徹底地了解。

篤信佛教的林炳輝，以往每日都有做早課的習慣。多年前，他發覺員工之所以選擇來這裡工作，也是希望能學習成長，他做早課的時候，歡迎有興趣的員工參加，後來，他覺得有義務為員工做些事情，於是將早課定在上班時間的九點鐘，也是自由參加。在開工前大家先念三遍《心經》，之後就分享禪宗語錄，或用佛學的角度解讀《論語》，之所以選《論語》，他認為儒家思想是為人的正道。

篤信佛教，慈悲心行事

林炳輝回憶起食養山房草創初期，來客不多，所以僅養得起五名員工；SARS流行前幾年、正逢失業潮，朋友陸續介紹幾個失業者希望能留用，協助生計。沒有顧忌到自身經濟狀況也不佳，只因不忍見到他們的難處，也就義無反顧地留用。說也奇怪，留用員工人數增加後，不僅沒有對整體財務增加壓力，反而生意變好了！林炳輝感性地說，是因為上天有好生之德，是佛祖給大家一口飯吃。

從理性面來看，應是員工基於感恩心，更加用心工作，提供給整個環境正向積極的氛圍。食養也收留了很多流浪狗，最多時達十七隻，都是由工作人員義務性照顧。最後因為顧忌到環境的整潔，多的都讓好心的客人領養回家，林炳輝開心地說，開設食養山房後，不僅是員工，連客人都非常有慈悲心。

愛好旅行，最愛日本

靈感是否有窮竭的時候？林炳輝表示並不會。他經營食養山房的靈感來自於生活，生活是每一天都要過的。而且愛好旅行的他，走遍世界各國，最中意的是日本。東京或京都都很好，他覺得日本很值得我們學習的是，不管事件大小事都相當用心、堅持，而且有許多經營百年以上的老店，保留與傳承許多文化，可以供後代子孫懷想溫故。

他感嘆地說，相對於台灣，以前的建築或文物大都被拆毀、丟棄，導致他在尋找昔日生活的過程中無法如願，感到失望。這也是他成立食養山房的理由之一。林炳輝覺得如果客人喜歡食養山房這個空間，他就努力讓這個空間存在，希望無論多久之後，都可以供訪客來找尋他們回憶，與內心的平靜。

創意在生活，空間即道場

食養山房是台灣優質服務業的一股清流。不能界定為一般餐廳，也不能說它是一間家茶屋。食養山房就是食養山房，有著獨樹一格的風範，成為台灣許多文化創意產業的領頭羊，紛紛前來取經。因為有這些文化底蘊深厚的創意生活事業，使得台灣處處閃現創意生活的璀璨亮點，也使這寶島成為華人地區的優質生活中心，文化的厚度與生活的質感，讓台灣成為華人地區中更值得居住的人文密集場域與空間。

創造天然時尚的衣飾
——天染工坊

天染工坊的起源

陳景林、馬毓秀夫婦和高銓卿、徐秀惠夫婦是兩對交往超過二十年的好朋友，在二〇〇〇年相聚時，談起新世紀的理想願景，也憶起多年前曾有共同經營一個文化事業的夢想，於是四位學有專長的中年人，經常聚在一起討論如何使夢想成形。經過長達一年的考察、構思、籌畫和修正，確立了推展台灣染織工藝文化的目標，天染工坊在二〇〇一年底正式成立。

於此同時，陳景林、馬毓秀兩位老師剛完成長達十年的「中國西南少數民族染織工藝調查」工作，也才完成台中縣立文化中心委託的「台灣常見的染料植物研究」專案不久，同時展開台灣天然染色的推廣活動。

工廠變園區：天染花園

後來，陳景林教授有一個姻親遠親，也就是冠球彩色印刷公司老闆趙年豐先生，準備將大坑的印刷廠搬遷到台中工業區。當時大坑風景區尚未規畫，但台中開設特色餐廳的風氣已經很盛行了，因此，趙年豐也想在大坑開一家特色餐廳，於是因緣際會和陳景林教授牽上線，天染花園就這樣在二〇〇三年開幕了。

在一千六百坪的空間中，天染花園集資大約兩千五百萬元蓋了三棟房子，規畫出三大主題區：手工藝體驗工坊、染織餐廳和光陰的故事（展售空間和辦公室），也就是兩棟是用在體驗與工坊相關的業務，只有一棟是餐廳。

由於當時附近沒有其他餐廳，加上媒體的報導，餐廳經過半年就損益兩平，每個月營收大概兩百萬元，結算下來一年的收入約有三千萬元，但是工藝體驗的營業額，只占一成。

染布成華衫：天染織物

天染工坊除了在台北開設媽媽教室，也進入台中天染花園開設體驗教學課程，讓更多人有機會接觸到植物染的樂趣。天染花園也設立展售部，這是天染織物的雛形，結合銅雕藝術家余登銓、紙藝開發業者黃芳亮等不同人的專長，再加上陳景林、馬毓秀夫婦的美術基因，開始推出飾品、家飾與生活用品等創意商品。

為了進一步推廣天然染的「天然時尚」，天染工坊接受國立傳統藝術中心的邀請，進駐傳藝中心開設「天染織物生活創意概念店」，從名片夾、小錢包、肩袋、背袋到衣服，請當時工坊部主任劉俊卿、實踐大學施教授（留日）與留德設計師王英美擔任設計師，展開服飾的設計。

天染織物執行長黃志哲表示：「我們的服裝強調『天然時尚』，傳統有機棉布大多採用原色白色，變化不多，但我們希望採用有機棉進行天然染，讓有機棉有天然色彩，鼓勵目標

客群穿著舒服、環保的衣服。我們強調的不完全是生態自然，因為只重視生態自然的人可能三年才買一件衣服，我們著重的是天然時尚。」

天染人物群像

天然染的理想事業是從陳景林夫婦開始，加入員工劉俊卿、黃世豐等人的熱情，執行長黃志哲則是在二〇〇四年底加入，共同染織「天工之巧、染采之美、雲霞之色、大地之華」的夢想。

天染工坊創辦人：陳景林

陳景林生於南投水里山區，從小親近野外花草，師大美術系畢業之後，就一直在高職美工科任教，甚至當到美工科主任。後來為了追求藝術，就租下指南山莊做工作室，一九九〇年也學了一些纖維藝術、編織等手工藝，在一九九二年、一九九四年分別榮獲民族工藝獎等不同獎項。

為了深入了解天然染料與纖維的關係，陳景林毅然決然辭去教職，在十年內，每年遠赴中國西南地區，走訪數百個村落，調查少數民族的染織文化；還花了兩年的時間，試驗一百二十種染色植物，並交叉染出兩千多種顏色，完成出版《大地之華：台灣天然染色事典》

書籍兩冊，可說是現在台灣染織領域的聖經。

「大概有十年的時間，我都在中國西南地區進行田野調查，後來接受台中縣立文化中心的委託，接下『台灣常見的染料植物研究』專案，我挑選了一百二十種植物，有長達兩年半的時間，每天都花十小時，站在熱鍋旁邊染布，做了兩千種試布……。」

執教多年的陳景林，對於工藝教育推廣不遺餘力，他希望復興逐漸消失的台灣染織文化。在天染工坊成立初期，便設立造型能力、色彩能力、材質運用能力、加工技藝能力與相關工藝能力等五大類教學目標，期待能推廣天然染織工藝並加強它的深度。

幕後推手：馬毓秀

誰能保留一條蠶絲披肩長達十五年？馬毓秀老師就有這麼一件寶貝，這是陳景林老師親手為她染織的，歲月並沒有帶走披肩上的色彩，甚至更加光豔生輝。

陳景林、馬毓秀夫婦都是師大美術系畢業，對於陳景林執著鑽研的染色工藝，馬毓秀是能理解的。在陳景林投入大陸西南田野調查的初期，馬毓秀扮演著經濟支柱，趁著年假參與部分調查工作，幾年之後也辭去工作全心投入天然染的推廣工作。

當時，中國西南地區貧乏的生活條件，是一般人難以想像的。縱使許多部落族人熱情招待，但一道菜端上來滿布蒼蠅，也是常有的事，以及惡劣的交通與住宿環境等，馬毓秀只能安慰自己「沒多久就能回台灣」。即使回到台灣，陳景林的研究受到國內矚目，應邀參展與訪問等雜事多如牛毛，溫婉的馬毓秀老師忙得沒有時間創作，也毫無怨言地配合。

問她何能如此度日？她認為自己向來不是很有企圖心的人，凡是要求細水長流，學不來一頭栽入的熱情，不如配合先生的腳步前進，成為拚命三郎般的先生背後的安定力量。

天染設計師：劉俊卿

劉俊卿曾任天染的工坊部主任，也是天染的服裝設計師之一。劉俊卿回憶，她從小就喜歡各式各樣的手工藝，後來因緣際會走上美工設計的道路。甚至曾經自己在家開起「家庭裁縫」，動手設計一些衣服，但隨著成衣工業的發達，難以在市場上匹敵，就暫時收起服裝設計的夢想。

隨後，有機緣接觸天染工坊的染織課程，從此一頭栽進天然染的世界，從學員變成員工、設計師，至今已經八年多。為了進一步鑽研染藝世界，劉俊卿在工作之餘到台灣工藝研究所進修，歷經前後八百個小時的課程，讓她更進一步進入天然染的天堂，她深深認為，學習染藝的人都是感情豐富、熱情而友善的，在家人、朋友與同事的支持下，她也願意更加投入其中。

天染織物執行長黃志哲說，天染工坊計畫發展服飾時，找不到合適的設計師。後來他發

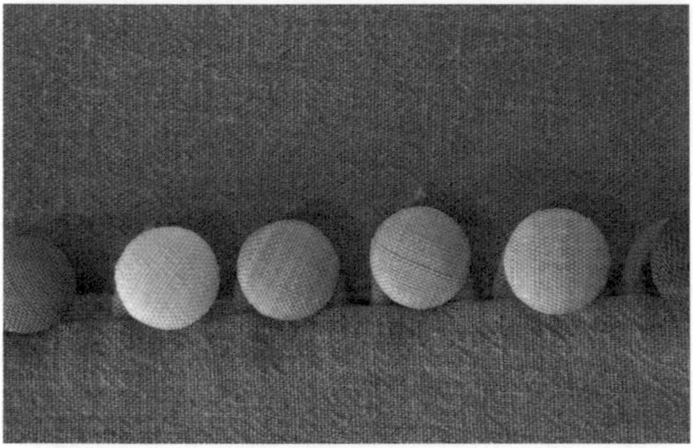

現劉俊卿的衣著很特別，一問之下才知道是她自己設計製作的，於是就要求她試試看。

一開始，劉俊卿也不是很有信心，，但黃志哲鼓勵她：「就以身上這套衣服的版型試做吧！」沒想到試賣的六件衣服，一上架，隔天就賣完了，這才信心大增，現在成為天染工坊主要的設計師之一。

活化資產的執行長：黃志哲

黃志哲是隸屬於平埔族之一的台南西拉雅族人，黃志哲是他的漢名，，真正的名字是「斛古．貝邏赫特」。

他散發的風格，正如澳洲梅杜莎旅館創辦人曾經盛讚的，「黃先生本身就是天染工坊最佳的品牌代言人」，從衣服、背包到名片夾，每一樣都是天染織物的商品，他將微捲的長髮束於肩後，整個人的氣質如同天染產品般的閒適自在，渾然天成。

即便是那樣飄逸的外在，但談起天染的各項業務與營收狀況，所有數字與數字背後的意義，卻又了然於心。結合天然染、紡織、餐飲等產業而形成的天染事業，對於黃志哲來說，不算傳統產業，而被視為新興產業般對待。

黃志哲的經歷豐富且複雜，讓人想起孔子曾說：「吾少也賤，故多能鄙事。」」。只有國中學歷的他，第一份工作自然是靠勞力的苦工，但只要有興趣嘗試的，他一定去學、去問，探究到底。

他笑說，曾經當過環境資訊協會理事，在跨入天染之前做過數位內容，建立台灣空拍圖庫，拿政府數位典藏的經費做事，發現沒搞頭就不做了。之前也做過手持電腦，例如點菜機、盤點機之類的客製化產品，也考慮要做貨運的整合性機器。從資訊硬體到資訊軟體，從研發到營運，黃先生都經歷過。

直到二〇〇四年底，陳教授請黃志哲來診斷事業，這麼診斷後，黃志哲於是決定全心投入天染事業。

也許是因為早期經營各項事業的背景，相較於陳教授的滿腔抱負與教學熱情，黃志哲相對更重視事業經營的目標與績效。他深知，陳教授長達二十年的研究成果，就是天染事業最大的文化資產，但是如何活化資產，轉化為可以獲利的事業經營模式，則是自己在天染事業中的價值與功能所在。

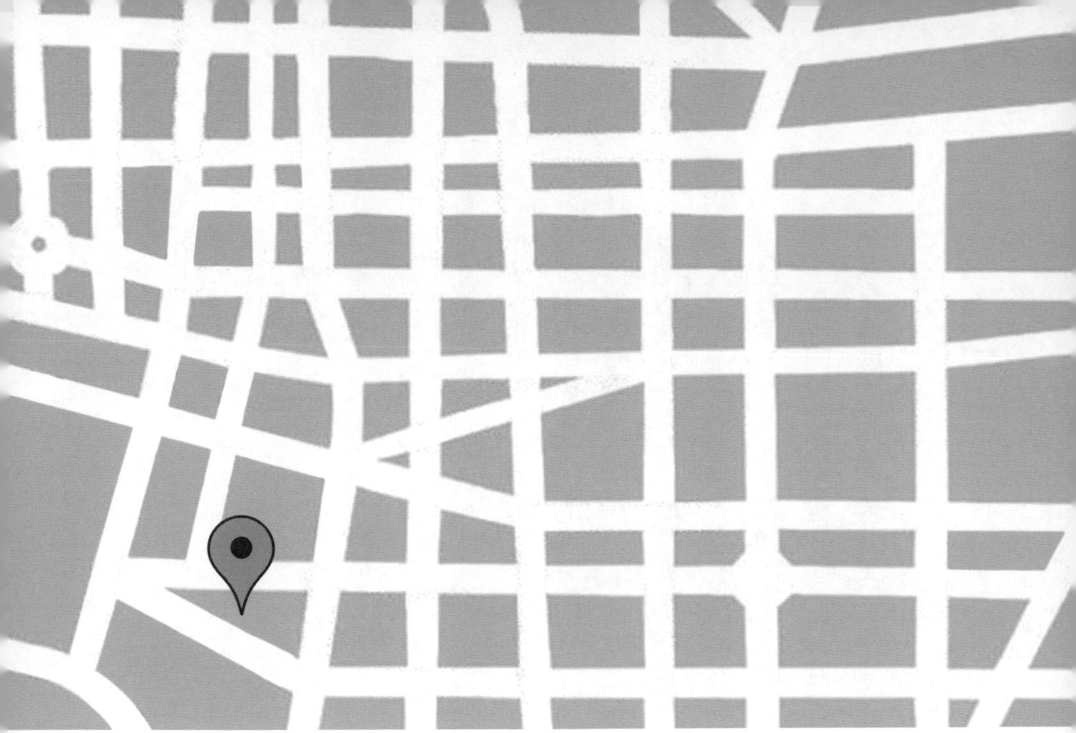

青鬱覆蔽山城，潛心孕育一抹嬌豔

——山芙蓉

南庄，桐吹雪

遊賞桐花，最好時光是清晨天剛亮時。晨曦薄霧中，滿地滿桌椅的白桐花，尚未經人清掃或足踏，花色最是可人。風來時的「桐吹雪」，一朵朵桐花是旋著花瓣緩緩下降的，與日本的「櫻吹雪」又是不同的風情。

五月走訪北埔、南庄遊賞桐花，張典婉以在地人身分，帶領我探踏她的「本鄉」風光。以前的生活用品，例如火柴、木屐、油紙傘面上塗敷的桐油，全來自油桐樹。現在這些產業幾乎消失，但油桐樹生命力特強，滿山滿野地繁殖生長。

為了體現依節氣生活的歲時記憶，典婉在客委會時起心推展「油桐花季」，當成客家山村的一種生活節慶。

以山川城鄉為舞台，以歷史人文為布景，並以創意工藝為道具，在各地客家山村上演桐花五月雪的創意生活劇場，近幾年已蔚為風潮。

原已衰微的初級產業作物，經典婉當年的巧心策畫，現在卻在客家山村地帶發展成一片「創意生活」的服務產業新局面。典婉自己揶揄說：「真的是一場美麗的錯誤！」

美珍是典婉的老朋友，曾並肩遠征西藏、中亞各地。典婉引我到她在南庄蓬萊村經營的「山芙蓉」，是美珍以父親留下來的土地所經營的庭園咖啡館。主人本身就是位綠手指，在都市經營花藝多年。與女兒回南庄鄉下後，細心經營「山芙蓉」。

山芙蓉民宿的故事

最先規畫、經營民宿的是翁興貴老先生，原來是一名佃農，觀察到南庄遊客日漸增多，所以在自己的土地上興建一座小公園，免費提供遊客一處休憩的地方。公園裡有兩座涼亭、一處不算小的龍蝦樂園，有石碑刻字敘述自己造園的初衷，還有一座不算小的荷花池。後來翁老先生又在自己住家旁邊蓋一棟民宿，提供遊客住宿，有二人房、小家庭四人房（雙人房加閣樓）、六人和式房，環境整潔，堅持床、被單等均須日晒，所以寢具都有陽光的味道。

目前這棟民宿交由翁老先生的兒子經營，美珍負責庭園咖啡，從佃農時代的土地，交到美珍姊弟手上之後，轉變成深度經濟的體驗。

只有芙蓉獨自芬芳

一抹白點置身於茵綠水田中，是身形細長的白鷺鷥正靜靜佇立覓食。更遠方的房子形成一個個小聚落，交錯隱身在蓊鬱的山林之中。隨著山路蜿蜒而上，置身於層巒疊嶂的山城，感受到一份寧靜、淡雅與簡樸的純然之美。山城沒有急速的步伐，迎面而來的老翁，步伐都徐徐的、緩緩的。

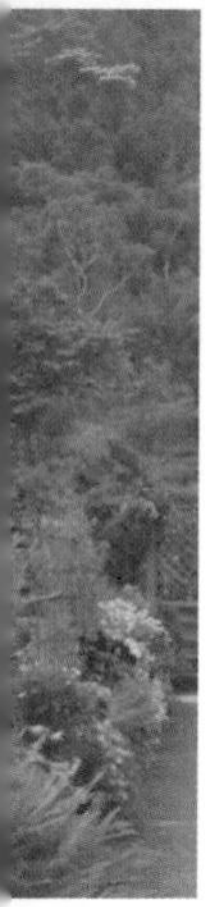

這座青鬱覆蔽的山城，潛心孕育出一朵嬌豔的「山芙蓉」。

在秋天誕生的山芙蓉，壽命只有一天。清晨初開時，花朵是嬌嫩的白色，朝氣蓬勃地展開花瓣曬太陽；到了盛午，漸漸有點曬傷，所以染上玫瑰粉紅；等到黃昏時分，就像是忍不住偷喝了點小酒，花色愈來愈紅，花朵也害羞地皺縮起來……。因為花色一日三變，所以博得「千面美人」或「三醉芙蓉」的稱號。

「山芙蓉」咖啡主人美珍取店名時，就是喜歡山芙蓉的特質。他說：「當初回到南庄這土生土長的地方，希望營造具有特色的環境。」

翁美珍的咖啡小屋就像這嬌俏的山芙蓉、千變的山芙蓉、會變魔術的山芙蓉，一年四季，不斷更迭它繽紛迷人的外衣。

「山芙蓉」咖啡屋

紅瓦藍牆、小木屋建築，石頭小徑，有一種仿佛置身歐洲小屋的幻覺，在金色陽光照耀下如同灑下一層金粉，顯得亮眼繽紛。「山芙蓉」的夏天被花朵們深深淺淺的紅紫藍黃所溫暖，進入庭院，花香迎面撲來，放眼望去，盡是色彩繽紛的花花草草，有的叫得出名字，有的則從未見過，各自展露嬌顏以最美的姿態迎接貴客。

來到「山芙蓉」咖啡小屋前，映入眼簾的是幢歐式小宅，一樓是咖啡屋，二樓為主人的臥室。園內另外有三棟歐洲夢幻式小宅，都是主人親自監工打造。

這座無與倫比的美麗花園只在週末開放自由參觀，平日只接受二十人以上的團體預約參觀。因為嬌弱的花卉，需要時間去涵養，偌大的花園就靠主人翁與家人一花一草一木細心地呵護。主人翁希望每次光臨的旅人，都能感受到私人花園的滿庭芳香。

因為用心，主人翁希望到此一遊的旅人都能悠閒自在且輕鬆地享受慵懶時光。所以當咖啡館內客滿時，為了不干擾屋內遊客的寧靜，會請後來者在外頭等候。

我想起有一年夏天造訪過英國大文豪莎士比亞妻子 Ann Hathaway 的故居，走進庭院就聞到撲鼻的玫瑰香，滿角落的童話色彩。沒想到，來到山芙蓉，色彩繽紛程度過之而無不及。在山芙蓉，花園就是一座大舞台，許多美麗的景象就在這裡上演。品嘗一口咖啡、漫步花小徑，旅人的心也飛揚起來。

咖啡屋內，依然是花兒植物處處，翠綠盆栽及萬紫千紅的花朵將空間裝飾得宛如一塊色彩豐富的畫板，整體氣氛顯得溫馨而生氣盎然。在「山芙蓉」，不管是坐在室內或戶外，都會被各種搔首弄姿的花朵所縈繞，坐在一片花海中，滿眼的繽紛佐以咖啡，不知不覺中咖啡都帶著淡淡的花香。

這個小而精緻的花房，只賣咖啡與茶兩種飲料。吧台旁的古樸木櫃上，展示著一排金字塔型茶包，精緻可愛的尖尖塔頂，伸展著青嫩的葉片，模樣任誰看了都會喜歡。與之相配的瓷器，送上座來旁邊還擺了一朵白色小花，顯得相當雅緻。白色的瓷蓋設計了一個小孔，讓這個青嫩的小葉片在舒展底下茶包的清香時，也俏皮地冒出頭來仿佛與旅人對話著。

巴哈的C大調前奏曲輕輕地在氛圍中慢舞起來，襯著嬌媚的花朵與綠草。再仔細看看咖啡屋的每個角落，一個故意扭曲的甕器，半月型的花器，圓型古窗旁，咬著桃紅色蝴蝶蘭伸著懶腰的淡瓷少女，依附在木頭天花板上橫梁的猴子小掛鉤，半立體仿佛聞得到香味的小百合畫，這些細緻擺放的藝術品，顏色簡樸造型卻值得細細玩味。咖啡香、花香、藝術香，坐在這裡，一眼望去皆是主人的用心與細心。

喜歡低調、恬靜田園生活的前副總統李元簇先生，是美珍的好友，牆上掛著他臨摹的書法字。其中一幅為宋朝大文學家蘇軾的詠芙蓉詩：「千林掃作一番黃，只有芙蓉獨自芳；喚作拒霜知未稱，看來卻是最宜霜。」

清靈的創作園地

山芙蓉咖啡屋主人翁美珍是一位藝術創作者，因嚮往山林生活而打造該座美麗的花園，主人的用心顯現在每寸土地、每個小角落的布置上，經常讓訪客驚嘆不已。例如，在花園的木桌上，擺著蓮花形狀的透明玻璃容器，內裝一瓢水，透著光，上面漂浮一抹潔白的花朵，讓這角落散發著詩意。如果坐在這裡，望著岸邊的蓮花池水，想必不須藉助江郎的筆，才氣

也能自然湧現吧。

咖啡廳外的一幢小木屋裡，原本為捏陶的工作室，現在則改修為磚製英國鄉村風格餐廳。牆上掛著幾幅雅緻的畫與前副總統李元簇先生精煉的書法，兩面木製的櫃子裡，除了自然垂落下來的常綠藤類植物外，擺飾著燒過的、沒燒過的陶製品。擅長陶藝的主人翁，為山芙蓉在花香、咖啡香外增添絲絲的藝術味。

在這座花園裡，這幢透著自然光的小屋，也常舉辦陶藝展覽與陶藝課程。在詩與花意的佐伴之下，捏出來的陶，想必也是感情沛然的吧！

活絡南庄山城

「山芙蓉」位在舊名四十二份，追溯到荷屬東印度公司在台灣提煉樟腦時，所設的第四十二個樟灶。美珍希望到「山芙蓉」不僅是到此一遊，而能認識南庄過去的風華、歲月留下的人文痕跡。

南庄是一個由一萬兩千多名客家、閩南、賽夏族、泰雅族人組成的山間小城，南庄的好山好水在日治時代成為伐木業中心，台灣光復後的礦業，中鋼的煤焦也是南庄提供的。伐木業、淘金熱因為土石流而被迫停止之後，南庄的山水得以休息，卻也面臨人口外流的窘境。美珍生長於此，單純地希望可以為家鄉做些什麼。於是在十餘年前、台灣還沒有瘋行咖啡文化時，就創辦了山芙蓉咖啡館，善用園藝造景的個人專長打造山芙蓉。

不過整個城鄉要興盛，還要周邊的商家一起繁榮才行得通。美珍結合附近的商店成立觀光產業協會，一起觀摩，一起成長。在這樣集體合作之下，如今一進入南庄就可以看到山坡上有咖啡廳、山莊、別墅、休閒庭園。雖然仍保有鄉下人開的商店傍晚六點就紛紛打烊的習慣，但這樣的山城小鎮仍在假日吸引絡繹不絕的旅人。

當初誰能想到一家在鄉野間的咖啡館，可以吸引旅人翻山越嶺，不遠前來呢？

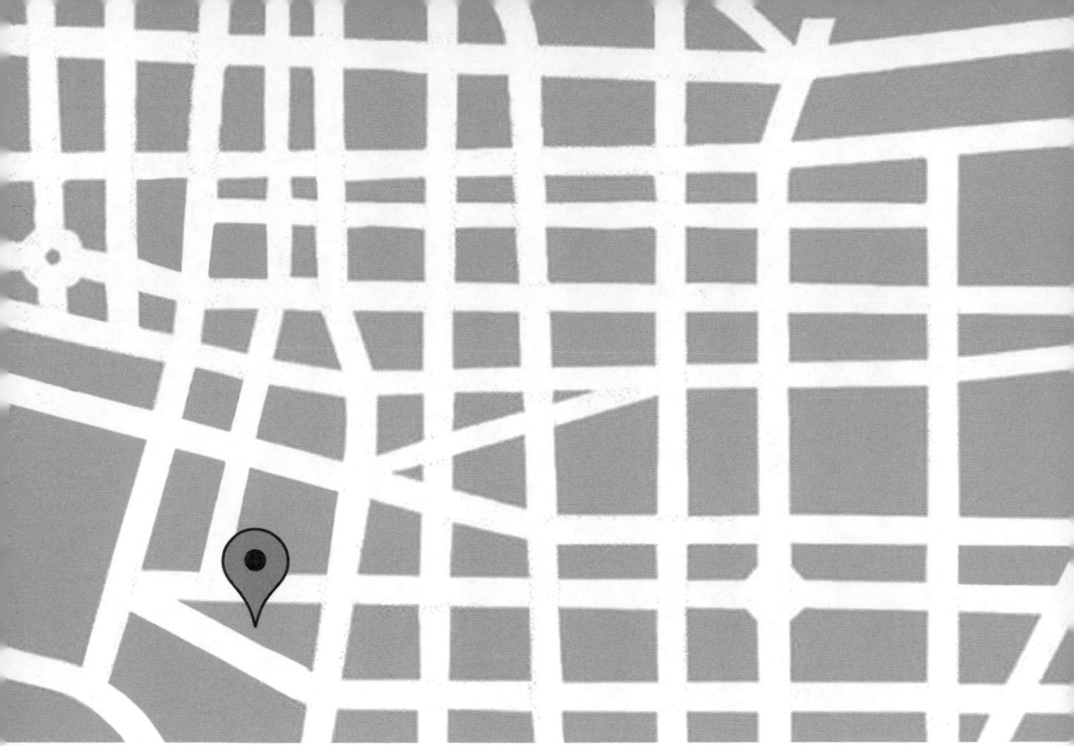

順勢而為的現代老莊主義實踐者

——無為草堂

思想家老子說：「道常無為而無不為。」意思是說：道可分為三階段，一無為，二無不為，三無為而為不為，到最高境界時，一切順其自然，像是「無為」卻常能完成「有為」之舉。所以「無為」不是無所不為，而是不強行妄為的「有為」。

「無為草堂」取法老子的「無為」精神，於一九九四年成立，以台灣早期的「草堂」風格建築，展現台灣本土茶藝文化的新風貌。

無為草堂位於交通繁忙的台中市公益路與大墩路口，占地約三百坪，走進草堂內，環景的扶桑竹籬、澈溪潺流、魚戲逐波。無為草堂不惜耗資規畫開放式的庭園景觀，和完善的空間硬體；引申老子「無為、若水、希言、不爭」崇尚自然的精神，塑造一股清新而雋永的品茗氛圍。

草堂主人——涂英民

涂先生奉行「清貧」的生活哲學，過著清淨、自在、清淡、節儉的生活。減少慾望、保持清淨，在不匱乏的環境下，不怕辛苦地投入利他與社會的事務。阿嬤曾經對他說：「不要太過認真，錢夠用就好，不用每天『緊條條』（台語）。」阿嬤的這席話影響著涂英民，也是無為草堂經營的初衷。

在嘉義中埔的老家，大多種水果，之所以一腳踏進茶館生意，也是一連串的機緣巧合。

回想一九八四那年，當時的公益路尚未開發，還是一片荒蕪景象。在中港路上班的涂英民，從辦公室放眼望去，看到一畝一畝田地，心想買塊田地來耕種應該不錯。在機緣巧合之下，就在現今的店址，以低價買下三百餘坪的土地。

只要有空，涂先生平日下午都會來草堂，和客人分享他的生活態度與收藏的字畫，偶爾也導覽園景。草堂內處處可見藝術品，這些都是涂老闆年輕時就有系統地收藏的成果。

目前涂老闆處於半退休狀態，經營十五年的無為草堂，對他而言，應該算是一種興趣，草堂內的裝潢，十五年來異動不大，涂老闆說：「保持東西最原始簡單的面貌，反而是最困難的。」不跟著流行隨波逐流，時間久了，無為草堂的價值就出現了。

共築草堂桃花源

無為草堂自詡為人文茶館，除了品茗之外，還可以欣賞到許多藝術家的作品，例如，陳來興、梁奕焚先生的畫作。

店內也展出文學家路寒袖多首台語詩篇，其中最著名的是「我的父親是火車司機」這首長詩。路寒袖先生就住在附近，平常閒來無事都會來無為草堂靜心創作，而涂老闆也能娓娓道來每一篇詩的背景與緣由。

店內還展示詩人向陽的台語詩「阿爹的飯包」手稿。涂老闆說，曾經有位中年人，讀了這首詩，因為詩中提到那困苦的年代和自身經驗極相似，想起了父母的養育之恩，觸動了內心深層的情感，不禁潸然淚下。

攝影師綦建平，以捕捉時速三百公里的飛燕美姿聞名，記錄燕子的生態，堪稱台灣追燕第一人。作品散見各雜誌，曾主持過攝影工作室，曾任《大地》地理雜誌特約攝影，達志正片特約攝影，近年從事創作影像，在草堂裡有一張不可思議的燕子英姿照片，令人震懾。

「門掩柳枝高照月，寺藏松徑遠聞鐘」，這幅對聯，文字倒過來念也通，「鐘聞遠徑松藏寺，月照高枝柳掩門」。這種難度極高的回文對聯，出自書法家謝鴻軒先生，也是台灣少數可以寫出回文對聯的文學家。這幅對聯在無為草堂廳堂中展出，常讓人讚嘆不已。

另外，詩人渡也「手套與愛」的手稿也在草堂展出。還有已故畫家劉耕谷的膠彩畫，以及袁金塔老師留學法國之後，轉型成有別於傳統水墨畫的畫作等等，族繁不及備載。

無為卻有心

無為草堂經營理念，正如他的店名，主題意象明顯，遵循老子，將概念延伸。草堂裡很多客人也是如此，來此放鬆什麼都不做，只是單純來享受一杯茶。美景當前，美食滿桌，沏一壺茶，夫復何求。在四百坪大的無為草堂中，遠離城市的喧囂，在鬧中取靜，找到慢活的生活雅緻，讓人、茶、自然三者彼此找到交集，體驗「茶」——這個老祖宗的留給我們的智慧。

重質不重量的服務體驗

在草堂裡，服務人員沒有績效獎金，因為好的服務是不可以量化的，服務人員的薪水是以表現為基準，而不是業績。因為如果以「業績」為加薪的標準，那服務客人的品質必定下降；如果以「表現」為加薪的標準，那麼，服務品質不是只有上升，而是「大大提升」。草

寺藏松徑遠聞鐘

門掩柳枝高照月

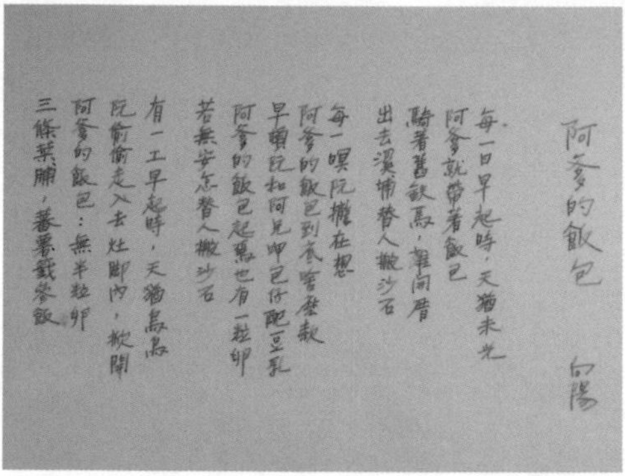
阿爹的飯包
向陽
每一日早起時，天猶未光
阿爹就帶著飯包
騎著舊鐵馬，離開厝
出去溪埔替人搬沙石
每一暝阮攏在想
阿爹的飯包到底啥款
早頓阮和阿兄呷包仔配豆乳
阿爹的飯包起碼也有一粒卵
若無安怎替人搬沙石
有一工早起時，天猶烏烏
阮偷偷走入去灶腳內，掀開
阿爹的飯包：無半粒卵
三條菜脯，番薯籤參飯

堂希望每個客人來到這裡，可以得到最好的服務。

　　這裡的服務人員身著唐裝，對於餐點說明詳盡且優雅，和環境非常契合。服務人員也隨時巡桌，客人的要求可以迅速被滿足。如果不清楚泡茶的技巧，也可以請工作人員代勞。

行銷生活風格

　　嚴長壽曾說過：觀光可以分成三個階段；第一代的觀光，是走馬看花型的，離不開吃、看、玩、買；第二代是深度旅遊，會找喜歡的地方或主題定點玩；第三代是反璞歸真，無期無為，不期待做什麼，也不準備做什麼，那是「go somewhere to do nothing」。無為草堂正符合未來旅遊的型態，如果外國旅客可以到泰國的沙灘無所事事呆上一天好好放鬆，那台灣為什麼不行呢？這種慢活的生活風格，正是未來行銷台灣的方向。

茶文化

　　蘇東波曾在喝了一杯好茶後讚嘆：「人間有味是清歡。」無為草堂定位自己是經營茶館的專家，而不是茶藝館，所以焦點不僅著重在造景上，茶館的主角還是在茶身上。它們很講究茶葉品質，每季都從杉林溪引進高山茶葉或阿里山金萱，在悠閒恬靜的氛圍中讓顧客體驗最單純的美好；茶器也很講究，讓茶文化能在各個細節中實踐。

喝茶之前，先聞香，這次我們品的是杉林溪烏龍茶，海拔一千七百公尺，量產的品質算很好的。通常茶的香味和喉韻兩種是相衝突的，烘焙過之後，增加喉韻卻少了香氣。但杉林溪的茶美妙之處就在於不焙茶可以保持清香，卻有一定品質的喉韻，茶湯甘甜回甘。

老闆透露，品茗時，喝茶的地點也很重要。他認為最妙的地點是在山林間，在山林間漫步之後，喝下的每一口茶都是甘甜的，和茶館喝得感覺又不一樣。而器皿與茶點也都不馬虎，無為草堂的器皿都是請鶯歌廠商生產。

而茶點是大飯店師傅自行創業，主要供貨給台中大飯店，這樣量加大，也很自由，品質很有保證。像是大甲芋簽粿，特別挑選台中大甲的芋頭；另外艾草做成的草仔粿縮小板，東西很精緻講究。芝麻酥餅油而不膩，外皮酥鬆中又帶有內餡濕潤的口感。

鬧中取靜的都市桃花源

在草堂的空間設計上，揉合日式洋房和中式庭院造景，這種融合中日文化的建築，也正是台灣建築的一大特色。廳堂的設計是另一大特色，因為傳統華人社會中傳遞價值之所在，不但緊密維繫家族成員的情感，「無為若水，希言自然」無為草堂的精神，就藉若水廳來傳達。

草堂內有百年歷史的霧峰林家花園梳妝台以及太師椅。霧峰林家希望東西能被欣賞，所以送來這裡，也擺了十多年，古董的精細程度，仔細看看，東西鑲嵌進去，可以看出三層的

透雕，一塊木頭裸雕，但裡面卻有三層，台灣話說這是「內枝外葉」。這些台灣本土的東西，當時台灣富有人家的擺設，由古物可看出當時的豪氣，特別請大陸沿岸寧波到福建匠師幫這些富有人家製作家具，因為沿岸產漆，所以木雕興盛，出來的產品也十分華麗。就連邊桌也大有學問。

「揣而銳之，不可常保；金玉滿堂，莫之能守」這是無為草堂廳堂裡的一幅老子對聯，前段也是在電影《臥虎藏龍》中，李慕白對玉嬌龍說的一段話，意思是愈是尖銳的東西愈容易折斷。沒想到兩千五百年前老子的生活態度，到現在也很管用，許多思想，現在也都被印證了。

茶與樂的對話

這裡，每週三、六晚上都有揚琴演奏，如果可以的話，忘卻時間，在這裡用身體的每個感官去體驗，無為草堂就是一個這樣的地方。在國樂的薰陶之下，增添茶的文化競爭力，一種無為純然的飲茶氛圍。

如果你感到意猶未盡，這裡提供的各式手工藝品販賣，讓過路的遊客帶走回憶，在腦海中記住這種感覺，隨時想起草堂經歷，想起那種單純的美好。

大人物的私房小天地

「出入有鴻儒，往來無白丁。」無為草堂是許多大老闆獨處思考的首選之地，例如，亞都麗緻前總裁嚴長壽常來這裡，他很喜歡這裡的環境，不論是招待國外客戶或自行前來，有時間就留下來喝茶，沒時間就散步一圈。王品集團戴勝益董事長，把這裡當成心靈的祕密基地，常常一坐就一整天，寫寫文章，在這裡往往能激發出特別好的靈感。

轉型迎接挑戰

從前大約八成的客人來泡茶，但隨著消費型態改變，現在客人不一定要泡茶，現在五成來吃飯休息，感受空間氣氛。茶館變成食堂，這邊愛坐多久就做多久，給客人時間，與充分的自由。餐點比例增加，其實對草堂來說不是好現象，因為出菜的程序變麻煩了，不像茶館那樣單純。原本是賣方便，餐和茶在味道上是衝突的，餐食增加比例也代表大家變保守，可以吃飽就變成最大的滿足。為了維護茶館風格，也只能規定非午晚餐時間不供餐。

無為草堂未來希望和旅行社配合，體驗城市角落文化，主要還是以本地客人為主；高鐵開通後帶來新客人，中部搭配日月潭，成為一個新的旅遊區塊，吸引發展生活產業。對國外客人而言，台灣消費相對較划算，又有質感，離開時也會買點伴手禮，消費力相對比本地人高，也算是國民外交。建議網站做日文版或英文版，讓國外旅客，能透過網路，按圖索驥找到這個城市角落。

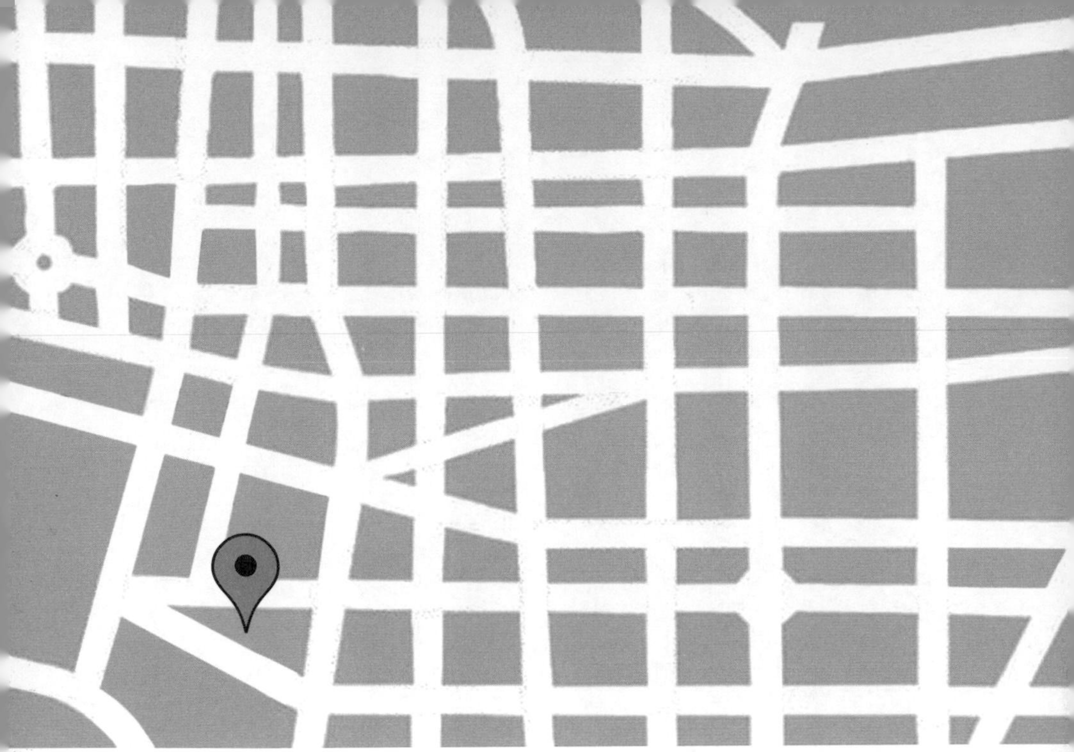

東方飲茶文化與時尚的完美邂逅

——采食茶文化 CHA CHA THÉ

不同於台北東區街廓的熙熙攘攘，走進大安區的靜巷中，仿佛走進了世外桃源。靜謐的巷道，難得一見的綠意，讓人有遁入另一個時空的感覺。從前那似乎不屬於都市人的靜寂、沉澱與禪意，原來就在咫尺之間，不須遠行，只須停留，然後細細品味。

深入巷內住宅區中，出現了三株難得一見的椰子樹，替巷道增添另一分韻味。忍不住自問：「這是個什麼樣的地方呀？」眼前出現的，是家簡單卻同時兼具復古風情與時尚風格的店鋪，原來，這是一家茶沙龍，名為采采食茶文化（CHA CHA THÈ）。大隱於市的采采食茶，只待有心人來尋覓它的芳蹤，它不僅是個充滿美感與質感的品茗空間，更代表台灣逐漸旺盛蓬勃的文化美感經濟與時尚精神。

當夏姿的舞台，不只在時尚伸展台

采采食茶，不只是一般品味人士開的店，它的主人，可是為台灣在巴黎時尚伸展台上揚眉吐氣的時尚品牌夏姿．陳（SHIATZY CHEN）創辦人王陳彩霞女士。夏姿．陳在國際舞台上，代表的是一種新型態的華夏風姿，不但承襲了東方美學元素的精髓，更將作品融入西方剪裁，這種同時將傳統與新意融於一爐的時尚風格，已成為夏姿．陳的註冊商標。

人稱「王太」的王陳彩霞，完成登上巴黎時裝週的願望後，熱愛中華文化且喜歡品茗的她，打造了采采食茶文化。企圖以更時尚的風貌來詮釋中華的茶與禮品文化，讓流傳多年的

中華食茶文化，在質與美的包裝下，更廣為流傳，再綻放光芒。

采采食茶的緣起

采采食茶的誕生與發想，除了王陳彩霞本身對東方茶的喜好外，將茶葉變成華美禮品的構想，源自於她為夏姿的客戶設計籌辦婚禮的過程中。她發現，台灣的茶葉市場雖然已經成熟，但如果要拿來當作禮品，在包裝上卻略顯不足。王陳彩霞認為，茶葉可以更現代化、時尚化與國際化。當好茶配上能夠彰顯中華文化及時尚華夏風格的包裝後，茶文化將更廣泛地流傳世界各地，甚至受到年輕族群的青睞。基於以上的構想，讓王陳彩霞萌生創立一個能融合文化與時尚的茶品牌念頭。

精心策畫之後，「采采食茶」旗艦店終於在台北大安區靜謐巷中誕生，店名的由來，除了她的名字有一個「彩」字，因而取其同音字「采」之外；另一個原因，是傳統的訂婚禮俗中，其中一個儀式稱為「納采」，納采為六禮之首，代表訂婚一開始男方到女方家中說媒提親的過程，納采的禮儀必須十分周到，與王陳彩霞想要發揚東方禮品文化的理想十分切合，因而採用其中的「采」字。「采采」還有另一層涵義，這兩個字出自《詩經・周南・芣苡》中的「采采芣苡（ㄈㄡˊ ㄧˇ），薄言襭之。」具有華美繁盛的意義，剛好可用來形容中華文化的豐美，也代表禮采，說明茶與禮在漢文化密不可分的關係。

現在的采采食茶除了販售茶禮品的門市之外，內部還有舒適的用餐品茗空間。這空間原僅供主人招待貴客及媒體之用，但在二〇〇九年四月之後，基於好的生活要讓大家一起來體驗享受的想法下，采采食茶又搖身一變，成為大安區中最適合放鬆及沉澱心靈的好去處。

跨越國界的空間設計，營造美的意境

采采食茶雖然地處巷弄中，隔絕了都市的浮華感及車水馬龍，但求好心切的王陳彩霞，在打造店面空間時可是毫不馬乎。承襲著夏姿・陳品牌中獨樹一格的低調奢華感，采采食茶的外觀看起來，仿佛是時尚精品旗艦店，大片的落地玻璃櫥窗，展示著精緻的商品及王陳彩霞所珍藏的骨董器具。

采采食茶的整體設計，仍與德籍建築師 Johannes Hartfuss 合作，Johannes 曾為夏姿・陳打造台北旗艦店、澳門門市以及中國總部。這次他為采采食茶所量身打造的設計概念為「少即是多、古典極簡」。采采的整體設計，內部除了運用流暢的線條，還用饒有古味的深色橡木來塑造一種沉穩且溫暖的氛圍，再搭配原石剛毅、質樸的味道，恰好形成屬於它的慵懶舒適以及古今交融的人文感。采采食茶最引人入勝的，是一整面由普洱茶磚所砌成的牆，柔美的燈光，舒恬的氣氛，再加上茶磚所堆砌而成的視覺驚艷，佐以不時飄來的淡淡茶味。這兒存在著讓人流連忘返的元素，也存在著都市人最渴求的僻靜空間。

室內設計則出自設計名家 Jaya Ibrahim。Jaya 與王陳彩霞有多年合作經驗，他為夏姿打造過台北、上海等地的旗艦店，日月潭涵碧樓等知名飯店，也是 Jaya 精心打造的傑作。Jaya 以東西併匯的方式來妝點采采食茶的氣質與風姿，他用王太收藏的西式或中式骨董茶具來點綴整體空間，讓線條變得更柔和，也用舒適的沙發調和出與采采最相符的舒適慵懶的韻致。

在這大都市的一個角落，采采食茶的每寸空間、每個細節，都完美地呈現給客人，所有元素的結合，以及環境氛圍的塑造，都值得人們細細品味。這樣的環境中，只要能待上一個下午，再佐以一壺好茶，就算是再忙碌的人，也一定能重新擁有內心的平靜與舒適。

全心全意、精心打造的采采風格

屬於采采食茶的一切，從室內到室外，所有的器皿擺設、家具飾品，產品與餐點，甚至

是服務生身上端莊又具有文化風格的制服及雅緻的產品文宣，都是王陳彩霞親自以最挑剔的美學觀點及時尚眼光，完美妝點而成。

采采食茶的產品，可分為「茶」、「器」、「禮」、「食」四部分。每一部分都是王太苦心醞釀而成的心血結晶；每一部分的精美程度都足以代表采采食茶的品牌精神，同時也代表著東方文化與西方風格的結合；更闡述著人文精神與時尚結合的傳奇故事。

「茶」：中西元素交融，重新演繹文化靈魂

茶，代表采采食茶這品牌的根源，也代表它的品牌靈魂。從古至今，東方的茶道美學就在全世界的認知中扮演重要珍貴的角色。茶文化在中華民族中已浸潤千年，代表深刻的東方文化精神，也與夏姿．陳所想表彰的華夏風姿不謀而合。

采采食茶的茶產品，強調天然及健康概念，從各地嚴選三十六種茶葉，都是世界各地的精選。更以台灣茶為主軸，知名的台灣茶有：文山包種、北埔東方美人、阿里山烏龍等多種，除了發揮愛台灣的精神外，也將台灣高品質的茶葉推上國際舞台，讓國外人士品嘗到台灣茶的美好品質。

在文宣推廣上，王陳彩霞找了自由落體設計的陳俊良為三十六種茶葉塑造不同的風格。經過陳俊良的創意揮灑，每種茶葉都有自己的別名與短詩，例如文山包種茶，除了本身的茶

名外，還多了「山行」這個富有詩意的別名，更擁有「文氣山型意風骨，墨舞書空人不孤」如此帶有文人風骨的短詩，讓品茗者除了享受茶的風味之外，還多了超越時空與心靈的想像。

除了很講究選茶、命名之外，采采食茶另一特色，就是很講究「泡茶」的動作。它使用的茶葉雖然大多是東方茶種，但店內所採用的沖泡方式是從西式沖茶技巧取經而來。在步步都堅持要求完美下，茶葉量、水溫，以及沖泡的時間都斤斤計較，並只濾下清澄晶瑩的茶湯以呈現最完美的口感。至於為何要這麼耗時費神，因為采采食茶想要以最好的茶葉及品茗享受來告訴大家，人世中有許多值得細細品味的生活美學等待大家來感受。

「器」：師法古代，打造亙古亙今的品茗氛圍

中國的飲茶文化，聞名世界，而典雅的茶文化以及璀璨的陶瓷文化，在歷史發展的時間流中，相輔相成，融為一體。當好茶碰上高雅精緻的器皿，將為品茗增添無限的韻致，也讓嗅覺、味覺與視覺上產生更深刻的愉悅感。

采采食茶的茶具、器皿也是大有來頭，都是獨特設計開模製成，且以師法中國天圓地方的世界觀和取材宋代五大名窯的構型概念來打造這些品茶容器，並選用陶瓷與釉來完整呈現茶葉本身的樣貌。每套不同的茶具都有個饒富深意的名稱，例如「覺壺」、「應壺」、「山壺」、「地量」、「天量」等，讓品茗者在啜飲好茶的同時，仿佛回到幾千年前，以茶代酒、舞文弄墨、

滿腹文人情懷的時空裡。

「禮」：文化、美學與質感的結合

禮，是中華文化亙古流傳的遺產，博學於文，約之以禮。代表著華夏民族的文明內涵，深信這觀點的王陳彩霞，在采采食茶的禮盒設計上，更是煞費苦心。

送禮，是一份心意，如果能將禮物送到對方的心坎裡，無形中，也更牢靠地牽繫起雙方的關係。采采食茶的禮盒，除了有上選的內容物外，在包裝上，將送禮者的心意表露無遺，禮盒材質不拘泥於市面上最常見的紙盒，連陶土、鐵、不鏽鋼以及上等木盒等都派上用場，充滿質感卻又不過度包裝；低調復古、同時帶著時尚感的巧思，連簡單的糕餅盒都充滿典雅婉約的氣質。王陳彩霞用她最敏銳的美感思維，顛覆了傳統的中式禮盒，又留住更深的文化韻味。

「食」：精緻法式料理，打造味覺饗宴

采采食茶在初開張時，僅打算提供簡單的茶與輕食點心，但為了給顧客更好的服務及更令人難忘的味覺之旅，王陳彩霞與主廚宗山在經過數個月不斷地試菜及討論後，在百分百的用心淬煉下，終於開發出數種法式料理套餐。

采采食茶的法國創意菜，美味之餘，還承襲夏姿及采采食茶中西合璧、文化匯萃精神，融合了法式料理的精華與中式料理的靈魂。為了貫徹中西交融的理念，主廚宗山常將法式料理加入台灣本地的食材。例如在糕點的創作中，加入仙楂、枸杞、紅棗、桂圓、黑糯米等中式食材，在西方糕點亮麗的造型上，輔以中式古樸養生的內餡，帶給大家不一樣的舌尖感受。打破文化界限藩籬後，美食將超越國界，界線是多餘的，細細品嘗才是最好的語言。

采采食茶的願景：創造更多的不可能

總是將不可能變成可能的王陳彩霞，在成功成為時尚界的翹楚、將夏姿的人文氣宇推上國際舞台發光發熱後，她對於新孕育的品牌——采采食茶（CHA CHA THÉ），也有同規格的雄心壯志。除了希望采采食茶能像夏姿．陳一樣，具有屹立不搖的地位之外，「王太」也希望藉由自己的用心良苦，能將中國食茶文化與茶點禮品中最美、最真的一面介紹給所有人，並把如此具有文化及質感的生活美學與態度，傳遞到各地。

采采食茶，是個中西文化的匯流處，也是個古今時空的交錯點。它所表彰的，是中華民族早已流傳千年的茶文化，卻自成一格，讓人印象深刻。采采想要傳遞的是：慢活之美，是五感的重新啟發，也是重新審視自我的一種心法。

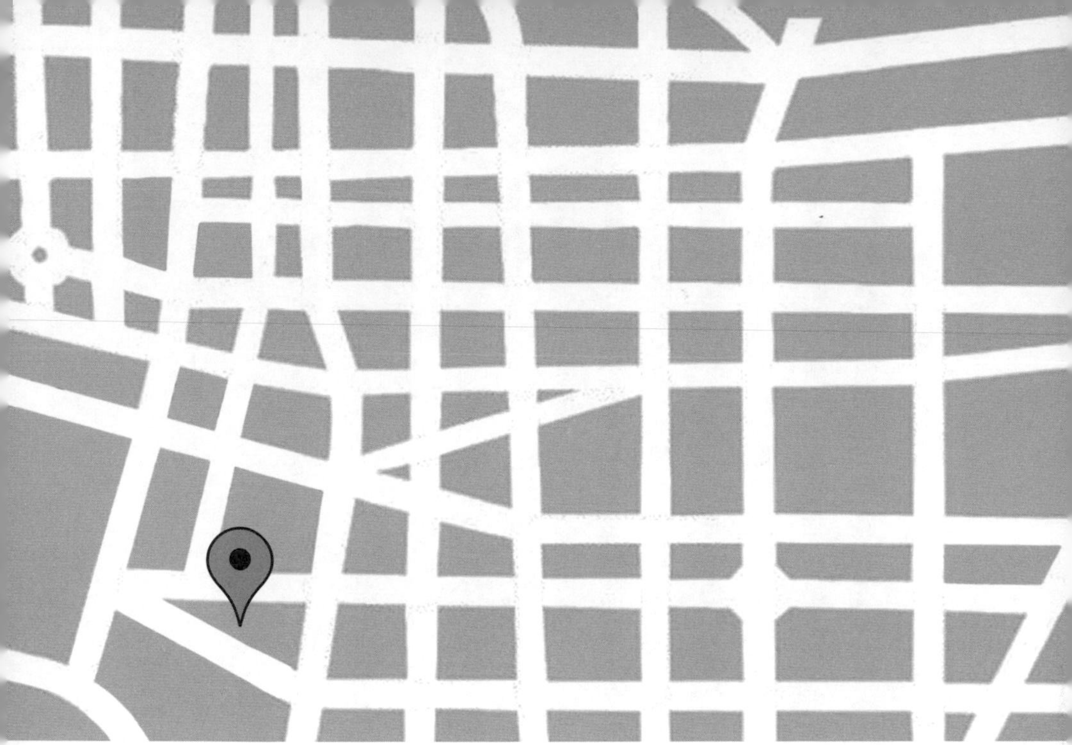

從門外漢修練成咖啡達人

——相思李舍

一切是從意外開始

相思李舍主人李威德先生，在他的人生藍圖中從沒有想過要經營一家店。二十五歲進入李祖原建築事務所服務，因為太太懷孕有了小孩，李威德為了改變人生且就近照顧家人，在三十五歲離開建築師事務所，創業當起店老闆。由於本身就是建築師，因此店內的裝潢、空間設計都一手包辦。

來到相思李舍，會看見舍長以他一貫認真的神情調配著飲品。每當談到家人，他的心情總是特別開朗，嘴邊漾著笑容。雖然嘴裡說太太很忙，沒空到店裡，但感受得出當初開店是為了完成太太的夢想，如今店開成了，太太更忙著籌備其他店的開幕，言談中充滿對太太的疼惜與支持。相思李舍由李威德與太太合力設計、建造而成。當時花了四個月，利用每天下班時間慢慢規畫、設計完成。

舍長拿出多年前施工時的相簿，不免令人大吃一驚。相簿裡的李威德，是十一年前的模樣。三十五歲年輕的臉龐，站在一片雜亂的工地上，左手拿著工具機，舉起右手展示著肌肉，帶著驕傲的表情。現場堆滿土石的凌亂工地，顯然就是相思李舍變身前的模樣。照片中也看見年輕的老闆娘踩著工作梯，手提著油漆桶，粉刷著天花板。場景突然咻的一聲回到十一年前，相片中的水泥牆對照著現在相思李舍的精緻，實在令人難以相信一切都是由夫妻倆從零開始一起打造的。這需要多少勇氣與決心？實在令人萬分佩服。

店內的景致

相思李舍的空間陳設就像一般居家客廳，不像一般的咖啡店，以一桌桌的座位占據整個空間。在這家店裡，主人的收藏才是重點，由世界各地的古董收藏妝點出獨樹一格的氣氛。

店內的收藏種類繁多且充滿驚喜，進門處左邊有尊大佛，但大佛旁卻瞥見一幅耶穌圖像，表面上似乎十分衝突卻營造出平衡的美感；座位區的風格也是中國古風座椅與歐風沙發並存，提供的飲品則是茶與咖啡。角落中擺放著精緻的瓷器，腳下踩著柔軟的歐式地毯，牆上的對聯寫著「真誠 清淨 平等 正覺 慈悲」、「看破 放下 自在 隨緣 念佛」，以及「大肚能容了卻人間多少事」、「滿腔歡喜解開天下古今愁」。

走進店裡，溫暖昏黃的燈光與令人驚艷的收藏品讓視覺有了一大享受；而迎面而來的是一陣撲鼻的香氣，混雜著茶與木頭的香氣說不出的清爽；耳邊傳來誦經的歌聲，悠揚且具有鎮定的效果。請教老闆為何店內的風格看似如此衝突卻又協調？他回答：「這要看觀者的感受與詮釋。你覺得它們對立嗎？我就覺得它們其實都是一樣的。」而一進入店裡也會發現許多鳥籠，籠內卻無鳥，舍長說：「這也看觀者的詮釋。誰說沒有鳥呢？誰說看到的才是真的？在正空間裡沒看到鳥，不代表它不存在。我的鳥都在負空間裡啊，負空間裡都是鳥。鳥籠也有其他意涵，提醒人不要把自己關在籠子裡。」

除了店內的擺設外，舍長與女兒們的互動也是店裡的特殊景致。他有三個女兒，老大喜歡占地盤，因此客廳中到處可見她的照片；老二講話很甜，會直率地讚美客人說：妳好漂亮、好有氣質喔！來店裡的女客人就會心花朵朵開。主人與女兒的對話俏皮又有趣。有一次大女兒吵著要去文具店買送朋友的生日禮物，但是找不到腳踏車鑰匙，因此只能選擇步行。她說：

「我不想用走的嘛，爸爸你幫我找鑰匙。」主人為了陪伴客人，因此說：「那就坐計程車去吧。」女兒很大人氣地回答：「不要啦，那麼近還要付七十元，太花錢了。」顯然很有自己的看法。後來，主人過去招呼另一桌客人時，大女兒神態自若地跑到我們這一桌問：「生日快樂的英文怎麼寫？」一點都不怕生。過了約半個小時，大女兒開心地買了禮物回來，一進門便大喊：「我破費了！」還說：「爸爸，剩下的錢給我囉！」言談間透露出是個早熟又有主見的女孩。

二女兒與舍長的互動也一樣溫馨有趣。當他們看到大女兒把墊板畫得滿滿的塗鴉，上面有人、動物、有對白，充滿想像力。二女兒說：「爸爸，姐姐這個沒畫好啦，我來幫她畫。」然後作勢要拿墊板，這時候舍長說：「不行不行，這是姐姐的，要經過她的同意才行。」二女兒不依，兩人就搶成一團，就像兩個孩子一般，顯然也十分樂在其中，讓人會心一笑。

用心細心重視品質

相思李舍的咖啡從喝進嘴裡的第一口到最後一口，甚至是留存在杯底的咖啡餘味，都能展現不同的層次和味道。所以，收拾客人喝完的杯子時，李威德會逐一嗅聞，以確認自己是否真的有把這杯咖啡或茶的味道煮出來。

很多咖啡店老闆都會提醒客人：「咖啡要趁熱喝才好喝。」在相思李舍，舍長會告訴你：

相思李舍
FACHA

「咖啡冷了更好喝。」如果真的要熱熱喝，一定要遵循他的建議：當咖啡燙的時候，口中要吸一大口空氣，然後啜飲一小口，放在嘴巴裡感受它的甘醇。相思李舍的奶茶得熬煮七個小時，因此一天限量五杯，必須在一兩天前預訂。問他為什麼是煮七小時，而不是六小時？舍長回答：「經驗囉，看客人的反應做調整。本來煮六小時，客人說太淡，泡八小時又覺得太濃，所以就是七小時啦！」

被號稱全台灣最貴的咖啡、茶店，李威德很有自信地說：「我的咖啡豆都是最好的，一磅就要價五千多塊，一杯咖啡的豆子成本要一百多塊。」但咖啡品項不多，就像他的理念：質不在多而在精，相思李舍賣的是「體驗價值」，飲品擁有最上等的品質，裝潢則是畢生累積的心血，價值無從計數。許多食品的進口商都知道台北有個李威德，因此每當有新產品都會拿到店裡請他試吃。這些點心裡，有來自義大利空運來台的耶誕麵包，也有來自新加坡的餅乾，因此來到店裡，常常可品嘗到獨具風味的小點心。

對於泡咖啡、泡茶，調配方式有一定的比例嗎？舍長說：「要看天氣。空氣的溫度、濕度不同，當然就不一樣。像最近有一天，我泡茶給客人喝，客人喝了都說怪怪的，我自己也覺得怪，怎麼泡都不對，後來我想，應該是天氣的關係。今年的天氣太奇怪了嘛，茶也是會生氣的，所以才怎麼泡都不對勁。」

至今累積十七萬人次的相思李舍，在開店之初即以獨特的氛圍著稱，也養成了許多十年以上的老顧客，例如吳先生一家人是十年的老客人，他們習慣坐在吧檯右方內廳的地板上看書，或坐或臥，非常平靜、閒適，感覺就像在自家客廳一樣，這幅景象令人感動。相思李舍有四十個座位，週末幾乎都一位難求。能有現在的榮景，其實是付出相當的努力。

找到對的人從頭學起

賣咖啡之前，他最喜歡、最了解的其實是茶，但開的卻是咖啡店，因此他就從頭學起，從最專業的角度去認識咖啡，不僅大量涉獵相關專業書籍，也尋求專業指導，他說：「找到對的人教你很重要。」不論是咖啡豆、烘焙，還是萃取，去找各領域最專精的人，用心去學習，之後靠自己摸索，然後再找一位擁有二十年相關經驗的老師傅去印證你所學。由於一切從頭開始，因此投資許多時間與金錢。以研究咖啡豆為例，他為了煮出十多種不同層次的味覺表現，接觸近三百種豆子，試煮過一萬八千多杯的咖啡，才讓他對咖啡的知識達到爐火純青的境界。

不管做什麼都很認真的李威德，不論是研究建築，還是休閒時候玩潛水、修車、讀科幻小說，總是能從過程中得到滿足。他認為不管學什麼，都要當自己是最專業的人來學。「如果我不能我就一定要，如果我一定要我就一定能。」他認為不打馬虎眼就是他的人格特質。

決定學煮咖啡之後，李威德戒掉十幾年的菸癮，也戒掉喝威士忌的嗜好，甚至吃素，一切的努力就是為了學會品嘗、分辨各種味道，訓練自己的味蕾以及嗅覺的敏銳度。「我決定了解咖啡後，就戒掉喝威士忌的習慣，然後一起學咖啡、茶、紅酒三樣飲品。我學東西就喜歡用好幾個方向包圍一個目標。咖啡是我的目標，但我還想借由對茶、紅酒的交叉比對，來認識飲料的味覺、嗅覺甚至視覺，進而從不同的角度了解咖啡。」「很多東西都有共通的特性。例如酒、咖啡、榴連都有硫的味道，好的紅酒與咖啡，杯底會有玫瑰花香味。回到最原始的狀態，酒、咖啡或茶都是從植物裡出來的，因此都會有花果、甜蜜、草、陳木的成分。好東西一定有共通的元素，好的飲料無非就是香、甘、柔、順、滑、細、甜。」

以口碑、媒體報導為最佳宣傳

相思李舍曾經接受許多國內外報章雜誌的專訪，例如，日本知名的《Seven Seas》。舍長將幾本專訪的雜誌書籍收藏在櫃子裡，這幾本雜誌的主題大部分圍繞在「學習」、「研究茶

応接間風ティールーム
世界のコーヒー50種も
相思
李舍

與咖啡的歷程」以及「家庭的影響」，這幾件事正是他比較想要傳達給我們的：學習用心，對領域知識的尊重以及他對太太、女兒的真誠與用心。而這些都能在相思李舍深刻的感受到，也是最令人動容的地方。

早期李威德覺得懂了咖啡之後，每天埋首在八百種香味中，滔滔不絕地向顧客介紹，顧客要什麼他就能煮什麼，顧客要求喝下去的香味要停留在舌根、舌尖還是舌緣他都能做到。「但知道愈多就愈感覺自己的不足。有一天，一個偶然的機會下看一個人的畫，突然領悟到：煮咖啡就和繪畫一樣，你可以畫一張和照片一模一樣的畫，美極了。客人想喝什麼我都能煮出來，同樣是美極了，猶如一場精采的表演。但是，一模一樣的畫終究不屬於張大千、達利或畢卡索那樣的層級，那是另一種境界。於是我發現，該煮不同的咖啡了。」所以現在，他不再細說咖啡的種類。「現在，我只講三件事：咖啡應該是透明的紅色，不苦，不酸。人人都可以判斷。」

就像是一種反璞歸真的過程。走過大量閱讀、琢磨、表演的路後，最終再回到最簡單的狀態。

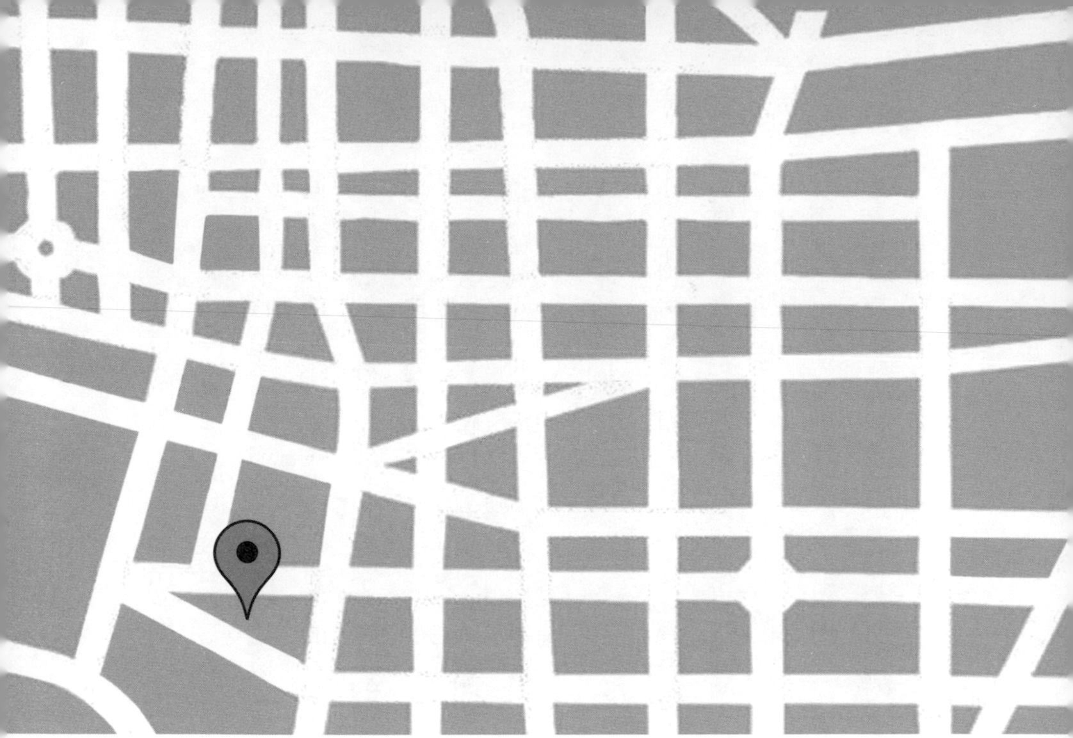

倘佯在古室茶香中的心靈之旅
——紫藤廬茶藝館

坐落在台大附近，新生南路一帶的紫藤廬，從外觀看來，獨特的古早味與文藝氣息帶著些許神祕氛圍。跨過大門映入眼簾的，是庭院那三株蔓生屋簷的老紫藤，亭亭入蓋的枝葉攀在花架上，為紫藤廬增添一分清幽之情。紫藤花架的綠意，與池中的紅鯉，在色彩上有了呼應；素雅的山水造景，與滿布青苔的石桌，庭園雖不大，卻讓人感受到「小而美」的精緻。庭園景觀的靜與雅，與大門外繁華喧囂的都市景象形成對比，也讓紫藤廬這樣的活古蹟，更增添一分孤傲與不凡。

進入紫藤廬，倘佯在充滿古味的空間中，享受一盞茶的人文時光。品茗、沉思、對話，讓人仿佛走入時光隧道，遁入過去文人聚集的沙龍中，展開一場追尋自我之旅。

狂狷雅士周渝

來到紫藤廬，如果看到一位身著黑色唐裝的先生圍繞在茶香書香中，仿佛六朝清談的狂狷雅士從書中走入塵世，他便是主人周渝。

一九四五年出生於重慶，曾在東海大學雙修外文與經濟，也對戲劇頗有興趣；從小便受父親耳濡目染，家中經常有一些自由主義學者，例如殷海光、張佛泉、徐道鄰、夏道平等人到訪，客廳總是充滿激昂的哲學辯論與時事評析。這些評論都影響著年少周渝的心思成長。

周渝的父親周德偉先生，受教於英國古典自由主義海耶克（Hayek）門下，一生信仰儒家

治國之道與西方自由哲學，來台後曾任財政部關稅署長。至今紫藤廬中仍有他的照片及所寫對聯：「豈有文章覺天下，忍將功業苦蒼生。」

周渝回憶起童年時說：「經常想起的景象是：我坐在客廳的角落，傾聽著父親用熱情洋溢的湖南口音，面對來訪的朋友、教授或大學生們，縱橫談論國家大事、歷史教訓或是艱深的學術哲理。那時我一知半解，甚至完全不懂，但卻陶醉在父親對國家人民、政治經濟、文化歷史的善願與希望中，這使我自童年起即承擔起一個終生都可能承擔不起的使命感。」

憑藉著這股使命感，一九七五年繼承接管紫藤廬，也繼承了清談的批判精神，在家人赴美後讓家中的議論空間由客廳逐漸延伸到整個住家，使得論壇、藝術活動、集體住宿生活等空間使用都逐漸在此發生。一九七六年周渝成立一個電影同好會——耕莘影劇欣賞研究社，並創辦台灣第一個實驗劇場——耕莘實驗劇團。他將這些團體成立視為批判社會的一種途徑。因為劇團的成立，一些藝術表演相關的團體也開始參與，例如：台大清雲合唱團、舞蹈家林麗珍，還有一些實驗劇團的團員與創作者都常在紫藤廬出入。一九八一年一月「紫藤廬茶館」在友人提議下設立，也更開闊地容納政治異議者與藝術工作者的進駐。

以茶藝館做為經營主體的原因，誠如周渝所言：「我在中學時喜歡讀法、俄小說，它們的哲學思想對我產生極大的衝擊，當時就很嚮往台灣能有一個像羅素書中所描述劍橋大學旁的小酒館供人閒聊辯論、刺激人文思想。」因此，紫藤廬的存在對周渝來說，就是想要營造一個可以暢所欲言、辯論思想、刺激思維又可以包容邊陲思想與藝術的場域。

周渝除了鼓動人文、政治等等的異端發聲外，也致力於茶文化的推廣，並與法、中、韓、日等國進行茶藝文化交流。除了軟性層面的藝術之外，紫藤廬的空間設計幾乎由周渝一手包辦，潛修老莊思想的他將道家思維融合在整體的環境之中，逐漸完成了結合中國庭園設計與道家自然觀、以老藤和修竹為基調的紫藤廬。

在周先生努力耕耘下，紫藤廬也逐漸邁入國際舞台。一九八〇年初期，Inside the Guide等外國雜誌將紫藤廬介紹為具有東方文化代表性的茶藝館，並推薦給外籍人士做為開會、會商的地點。一九九〇年代起，日本的旅遊雜誌、茶藝館雜誌等，陸續報導紫藤廬，日本客人也逐漸增加。一九九四年，紫藤廬為李安導演提供電影《飲食男女》的拍攝場景。隨著該部電影在國際影壇大放異彩，更讓紫藤廬在國內的知名度提升許多，也帶起另一陣欣賞文化藝術的效應，吸引人們樂意前來。

紫藤氛圍

紫藤廬的歷史演進，可以說從私人住宅客廳，演變為藝術家的人民公社，接著再以茶館做為社會實踐基地，並開放多元主體發生對話的場域。這是一個由主客暢談的私人空間，逐漸發展成台灣公共論壇場地的過程。雖然現在的紫藤廬，在民主開放的時代中，反對運動因子消散不少，但隨著時代演進，在茶香中消弭了反抗與不平之氣，多了一分專屬於文人雅士的祥和與藝文氣息。

紫藤廬，這私藏文人雅士的隱密小店，好似大磁鐵，吸引具相同特質的文雅人士，聚集在這個大隱於市的小基地，也讓這塊未受都市塵埃汙染的祕境，散發祥和寧靜的美感氛圍。

賦予古蹟新生命，創造意義之所在

庭院中三棵蔓生屋簷的老紫藤蔓，已是九十高齡，代表著紫藤廬與城市的歷史與生命力。紫藤廬又名「無何有之鄉」，也就是說：什麼都沒有，卻好像什麼都有，是靜靜地蘊藏生命與創造泉源的地方，也是真正能得到休憩與寧靜的優境。周渝說，無何有之鄉是生命的故鄉、藝術的故鄉、思維的故鄉，也是人的故鄉。紫藤廬背後有著深刻的哲學意涵，它是一家茶館，卻又不只是家茶館；它是個當代文人創造意義的精神堡壘，也是一個和生命與大自然對話的場域；是古蹟再利用的典範，也是仍然在呼吸、生意盎然的活古蹟。

紫藤廬在台北的政治文化圈中，具有獨特而神祕的重要地位。長期以來，它不但是文人墨客泡茶聊天的地方，更是當年黨外人士聚會論政的場所。五〇年代為引進西方自由主義思想與制度，知識界的重要學者經常在此聚會，進行思想與學問的研究與討論；到一九七九年美麗島事件，這裡更是許多政治異議者、前衛文化及藝術工作者的聚會場所。在這簡單的日式平房中，是陳文茜筆下「反對運動記憶裡最美麗的堡壘」，也是民進黨大老林濁水回憶中那「落魄江湖者的棲身所」。

除了文人墨客之外，紫藤廬也是當年弱勢藝術家的發跡之地。愛好藝文的周渝，開放空間支持還在摸索起步的當代藝術家，也讓紫藤廬更散發著一股藝術家專有的波西米亞式浪漫風味。一九八一年改闢為人文茶館後，他提出「自然精神再發現，人文精神再創造」，期許自己能以傳統茶道來弘揚漢文化原始而核心的思想，紫藤廬也成為台灣第一所具有藝文沙龍色彩的人文茶館。它代表的，是台北這城市的過去、現在與未來，也見證了台灣成長的軌跡，更代表著民主、藝術、人文台灣的印記。

每個角落都有故事

紫藤廬的存在，本身就是一段美麗的長篇傳奇，而它的每個角落，也各自擁有一段段動人的故事。無論是庭院、玄關、大廳、柴青房、佑廳、紫蘇房、紫園廳、花廳、二樓的紫雲閣，甚至是入口的櫃台桌，都象徵著歷史與人文之美，也各有它迷人的地方。

入口有一張「不像櫃台桌的櫃台桌」，是周渝在幾十年前請人特別設計的，櫃台桌的前方，採中空設計，就像陳文茜形容的「像仙子一樣」的女服務生的裙子和鞋尖才不會被擋住。周渝是以蒙德里安的畫為靈感，稍做修改後變成了現今的模樣。

紫藤廬的空間語言極為豐富且神祕，每個角落都沾染著各時期使用者的氣息與生活痕跡，也為後人帶來一股親切與安適的感覺。整體打造出的氛圍，帶著一股寧靜及祥和，讓來到這兒的客人感受到都市之外，難得一見的「緩慢」。樸實的空間，卻帶給使用者緩慢的奢華；明暗交錯的空間，與動人的音樂融合為一體，成就動靜虛實交錯的東方美學特質。

紫藤廬每個的角落，都訴說著豐盈的故事。它小小的身影，見證了台灣民主、反對運動的起落。它是台灣人擁有的一本寶貴故事書，也是滿載文化傳承與空間之美的珍貴珠寶盒。

茶裡聞風物、見山川

品茶已經過幾十年風華的周渝，早已深刻體驗到茶的美妙，他從一片茶葉即可以品嘗出山川風景與大自然的精神。「嘴裡含上一口西湖龍井茶，茶湯的氣韻，很容易在我們眼前幻化出一片江南水鄉溫柔而秀麗的風光。如果入口的是台灣的高山烏龍茶，看到的將是福爾摩莎高山頂上的藍天白雲，同時隨著芬芳的茶香與茶氣，讓人彷彿處身在高山上，呼吸到山上清朗的氣息。」他從一口茶的色、香、味中，得到心靈的溝通，與感性思想的解放。

周渝認為，茶葉有個奧妙，就是「吸收」。所以生長在山崗上的茶樹，將周邊的氣息，乃至山川的氣質，全部吸收到茶葉裡，這就是茶的獨特魅力重要來源。儘管茶葉儲存了大自然的奧祕，但要將它的奧妙及美感從一片茶葉中再度完美催放，著實是個大學問。所以他非常尊敬茶農；他認為好的茶農在做茶時，是在跟天、地、茶還有本人的思考對話。

茶對周渝而言，是個奇妙的神物。茶讓人提神醒腦，產生靈感，但喝茶卻也能解放人的敏感與想像力。一口茶入肚，恍惚中仿佛看到秀麗風景，或是江南美人的美麗神韻，所以茶既有清醒，也有恍惚中的靈感；這種清醒與浪漫的結合，是沒有矛盾的，這也是周渝口中的茶，最驚人的奧妙。

紫藤茶道：正・靜・清・圓

周渝在茶藝的世界中，用心、真摯地摸索了十幾年。經過對傳統文化及自然美學的體會實踐，終於發展出具有文化及人格蘊涵的茶道，將茶中的哲理昇華出四個字「正・靜・清・圓」。從他一開始接觸到茶藝，到傳統漢文化對天、地、人的思維方式，很自然而然地影響他對於茶藝世界的營造。

在行茶剛開始時，茶人在桌上鋪一塊方巾，稱之為「素方」。這塊布是用來吸收多餘的水漬，以保持桌面的素淨。「方」在漢文化中，象徵著「正」，也代表著儒家的理想人格形象；正也有「當下」之意，表示「正在」做一件事情，代表著全然的面對。

從正的自信與自足開始，行茶時才能動中有靜，靜中生動。「靜」絕對不是靜到死板，靜是有生命的；我們由動來達到靜，由正來達到靜，在專心泡茶的過程中，人自然就進入這個世界，心也能獲得平靜。

喝下茶的時候，身體和精神都可以發生清滌作用，就是茶道中的「清」字。飲一泡好茶，不僅使人感到頭腦清醒，彷彿全身細胞甦活起來，無論肉體或精神，都經歷一次大掃除，靈魂也再次獲得淨化。

「圓」代表的是溝通，無關地位、職業。在茶桌旁坐下，大家可以溝通。中國民間俗語說：「做人要外圓內方」。方象徵了原則與正義，而圓則是象徵著做人的圓融與技巧，給人留餘地，不得理不饒人，更反對「以理殺人」。圓也代表著動，東方的太極拳就是圓而動，動而圓的。圓更象徵著豐富、成熟、完美，也代表中國人最企盼的「圓滿」。

品茶的藝術，除了給人感官上的享受之外，更為人帶來精神與心靈上的昇華與靈思，也讓人回歸到大自然與最真實的自我。象徵紫藤廬茶道的「正．靜．清．圓」四個字，代表茶道中的無限哲理，也顯現出茶人講究己身人格修養。

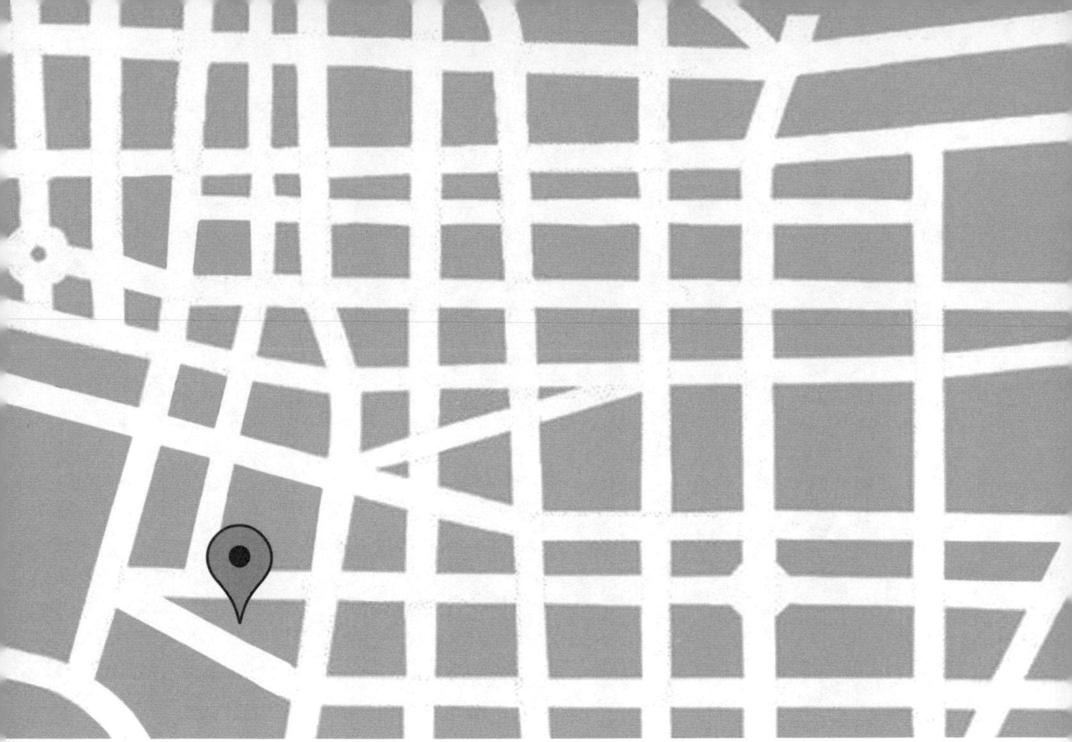

日日是好日，處處皆創意

——蘑菇生活小鋪

「蘑菇 MOGU」這個原生台灣生活風格品牌的背後，是巷弄創業家張嘉行、李美瑜和一群熱情的設計師，努力挖掘生活樂趣，為尋常的生活增添更多甜度的持續堅持。

「蘑菇」的名稱來自《小王子》這本經典成人童話——

小王子說：「……世界上可能沒有像我這樣的人，只為來到這裡，但我看到的什麼也沒有。而只有你，卻忘了我，你真的忙著什麼嗎？……我想，你真的不是一個人，而是一個蘑菇……」

沒有用的蘑菇說：「我忙的不是你肉眼能感覺到的，我所想的也不是馬上見著的……」

創意在哪裡？對「蘑菇」來說，創意就在一杯水、一碗飯的日常生活瑣事中。只要用心面對我們的生活和周遭認識的人，享受平凡的每一天，自然日日是好日、處處皆創意。

蘑菇緣起

二〇〇三年，「蘑菇 MOGU」這個原生的台灣品牌誕生。蘑菇是寶大協力設計公司自創的設計品牌，在設計服務主業之外，新開創的事業線。蘑菇創作許多生活商品，也出版共同創作的《蘑菇手帖》，手帖裡展現的是生活中平實簡單的概念，發掘許多生活周遭經常被忽

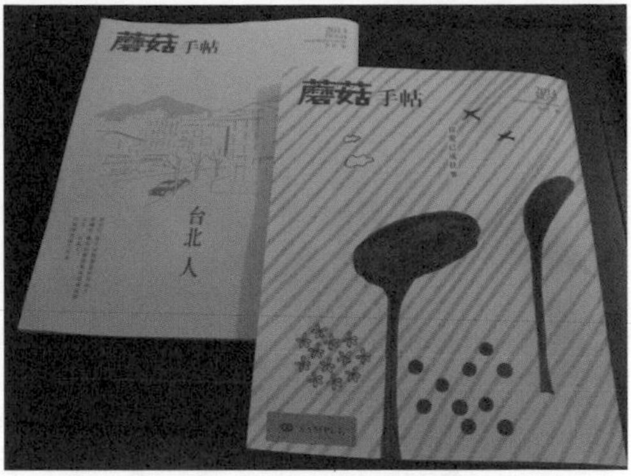

略的細節。他們以簡單、平凡生活的概念，結合影像、文字，來創作服飾、袋子及雜貨，任何跟生活有關的事物，蘑菇都有興趣著手開發，目前有屬於精神表白的《蘑菇手帖》、顯現自我主張的T恤、隨手塗鴉記事的筆記本，以及手提袋、禮品、文具等。

如果要細究蘑菇與寶大協力的創業過程，就要從張嘉行與李美瑜這對東海美術系畢業的夫妻談起。他們原先各有不同的工作，張嘉行是動畫導演，也拍電視廣告。李美瑜則是在設計公司有份穩定工作。各自工作五六年之後，他們突然有「想要做些什麼」的想法，於是就辭了工作，改為自行接案的「Soho族」。後來因SARS期間案源減少，氣氛低迷，逆勢做了一項決定——自行創業。

他們找來友人楊宏光、蔡麗鈴夫婦，選擇以最普遍、最不易退流行的T恤，做為創業的起點。他們瞞著長輩抵押房子，貸款三百萬，其中八十萬花在品牌T恤上，「給自己設了一個停損點，就算失敗了，遲早還賺得回來。」美術設計出身的他們，開始學打版、了解染整、布料，堅持只用棉與麻兩種自然材質。他們也曾歷經「繳學費」的慘痛階段，一口氣訂了超出能力的庫存量，整整消化了兩年多才賣完。

這兩對夫婦分別具有大學同學、學長學妹、夫妻的多重身分，工作上也緊密互補。文筆細膩的張嘉行除了負責動畫案，也是《手帖》的主編；李美瑜主導視覺設計；開朗的楊宏光掌管業務及財務；店長蔡麗鈴也是咖啡店餐點的創造者。

二〇〇六年，蘑菇由東區搬到中山北路幽雅僻靜的巷弄，落腳在捷運中山站後方的一棟四層樓老公寓。「蘑菇」新居以 Have A Booday 為名，「日日是好日」是蘑菇的精神也是創意發想的來源。一樓是商品展場，除了展售T恤、提袋、筆記本等蘑菇自家產品外，也有藝術家的畫冊、創意書籍等精神食糧。二樓是 Café Shop，除了喝咖啡、下午茶以外，也是藝術創作的展覽空間和音樂創作發表的表演空間。三、四樓，則是寶大協力設計團隊的工作室。

複合式經營的生活創意品牌

蘑菇的總部在二〇一三年九月從中山店遷到新開的大稻埕店，主要業務以帆布袋包、植物染為主。咖啡店是獨立的收入來源，目前只有中山站這一家，比較難複製到他處，但咖啡店收入很穩定也是重要的現金來源。

蘑菇不只是一個以轉化藝術創作為商品、開發創意商品的設計品牌，也是結合原創商品販售、咖啡館、藝文展覽空間、音樂表演的複合式空間，以及讓藝術家、創作者、設計師相互交流、提供資訊的創意平台。

為降低風險與資金壓力，從產品開發、製作《蘑菇手帖》都盡量內部進行，視主題邀請外部資源協助。所謂外部資源，大多是熟識已久、同樣熱愛生活、擁有敏銳感受的好朋友們，不過也有因《蘑菇手帖》而結緣的新朋友。

蘑菇的每個成員都是多工、跨域的，就像我們的日常生活一樣。蘑菇這群人希望從這個品牌開始發展自己喜好的工作，包括視覺設計、產品設計開發、動畫製作、書刊編輯製作，以及藉由品牌精神的連結與擴散，認識更多有趣的朋友。

《蘑菇手帖》貼近人心

張嘉行提到：「二〇〇三年創立時沒想過要做品牌，是想做刊物。第一個想法是，不要將這刊物做得像平面廣告。取了『蘑菇』的名稱後，才去想我們到底要做怎樣的東西，我們品牌要呈現什麼形象。」

在製作《蘑菇手帖》的初期，蘑菇團隊因為一開始就知道自己沒有時間、也沒有錢去做比較遠的東西，他們就決定做「身邊的東西」。一方面是當時的狀況所決定，另一方面則是因為以他們的價值觀而言，這樣東西的確十分值得做。「第一期期刊出版後發現很受歡迎；第三期後，做樂活，那時我們才發現自己已經做出了一個題材。」張嘉行提到，簡簡單單的

OUR
TRIP
MY
TRAVEL
NEW ARRIVALS
蘑菇
MOGU

蘑菇手帖，竟然出乎意料地受歡迎，這是他們意想不到的事情，也使他們有了繼續走下去的勇氣。

僅有薄薄幾十頁內容的《蘑菇手帖》，原本只是隨著T恤的販賣所附贈的贈品型錄。與一般雜誌最大的差異是，沒有廣告，更沒有贈品。而蘑菇手帖的開數與用紙都有別於一般商業雜誌，這樣完全沒有商業化氣息的刊物在台灣出現，究竟能否生存下去？結果這種無造作且帶有強烈手工氣息的小冊子，找到了自己的生存空間。從原來的附贈物，變成蘑菇的主力商品之一，也由最初發行的五百冊到現在的兩千五百冊，還發行到香港和澳洲。

印製這份「十分鐘就可以讀完的生活小冊」是希望MOGU的理念、想法能夠更清楚地傳達出去，也是團隊伙伴努力在煩忙工作之餘完成。每期的主題由大家討論決定，從「島嶼」、「散步」、「夏夜」、「讀書天」、「老東西」這些主題的設定，可以清楚了解到，他們並沒有太多市場上的考量。他們用平易近人的文字，細微地感受生活，並用最真誠的「分享」精神，讓大家一起體會生活中平凡卻幸福的美好。

從二〇〇四年「春天」到二〇一五年夏季號「小店的自由」，蘑菇手帖一共出了三十八期，

之後將暫時休刊。

蘑菇的設計概念與蘑菇 Café 的設立

蘑菇的設計與其他品牌比較不一樣的是他們堅持手繪的精神。因為喜歡手繪的感覺，所以設計團隊在T恤圖案的選擇上，都以低調極簡風格為主，希望圖案本身不要太有侵略性，起碼不要太過於突出，好像想要爭些什麼。

這樣低調、溫柔的風格，是台灣現在比較少見的態度，這也幫蘑菇找到另一個被人注意的個性。而因為賣T恤在季節上會有較大的淡旺季起伏，所以蘑菇決定發展比較少人做的帆布包設計，也得到了許多顧客的熱烈迴響。

至於開設蘑菇咖啡店，則是因為想要讓人有一個理由可以常常來。中山店面看出去外頭有樹木綠茵，散發田徑的氛圍，是團隊喜愛的關鍵因素。於是開始在店裡動手烤麵包，自己選書、選音樂，而讓這些事變成有意義，有意義變成很重要。蘑菇咖啡店也透過一次一次的音樂與藝文活動，讓蘑菇累積了一批同好，與消費者的關係更加鞏固。

蘑菇的其他分店

蘑菇大稻埕店位在迪化街一段。迪化街區的建築物是從日治時代傳下來的，每棟房屋都有一定的型式，樓房街坊比鄰，前衢後巷，極長條型的三進房屋，中間會有兩個天井採光。張嘉行很喜歡這樣的環境。

迪化街近年大改造，很多屋主願意出租，以使用面積、租金來講，房租很親民，比捷運中山站便宜一半。迪化街相較於其他店的街區比較不一樣，每間屋子的結構、房東與商家的關係，迪化街的傳統商家有很多雄厚的理由和感情待在這裡。大稻埕未來的發展不會整條都是所謂的「創意店家」，會保留一個古今對比的好玩景象。

二〇一三年九月蘑菇搬來之後，漸漸產生一些變化，這條北街才正要開始發展，幾乎每個月都會有新店家加入，漸漸成為創意街區，甚至能稱為商圈。蘑菇大稻埕及中山這兩個店區，都是外國遊客（主要是日本、港澳、中國）來台北時會特地前往的熱門景點，這些遊客也為蘑菇帶來三成左右的收入。

在島嶼的角落生起營火

張嘉行營運蘑菇之外，也主導了許多活動。像是首發於二〇一一年文創博覽會，接續於松菸原創基地節的「好家，在台灣」策展、二〇一四年於台東糖廠「夠意思 Go East」市集策展等等。「其實每次辦活動都是意外，但都不是收入的來源。」像是曾經出版的旅遊書《在島嶼的角落生起營火》，鉅細靡遺記錄邀請大陸朋友來台灣深度旅遊的前後經過。蘑菇團隊向文建會中請創意產業補助款項，編了一個海外行銷補助三年計畫，原來是要去上海和北京辦展覽、演說。後來張嘉行思考著：是不是可以把它做得更好玩一點，於是有了這個念頭：不如找大陸朋友來台灣玩，然後出一本書。

蘑菇同仁邀了十位在網路上素有往來的大陸文青巷弄創業家，在台灣全島穿街走巷，深入市井田園，盡嘗優質創意生活甜度，讓大陸朋友留下深刻難忘回憶；「旅行的過程非常好玩，那時候雖然是冬天，氣氛卻很好，創造出來的影像、畫面、文字都很有趣。這本書，花了很多功夫去推廣，當時很想讓大家知道台灣真的有很多不一樣的事情藏在每個角落，想讓大家看看我們怎麼玩、過生活，切入角度和一般旅遊書很不同。」

「我到現在還是不確定，大家對於蘑菇覺得最有趣的事情，是出《手帖》？講品牌？講生活？做瘋狂旅行計畫出書？還是做市集活動和策展？這些其實都不是我們的本業。也許對本業會有價值，但不太有利潤，無法放在公司正規的營運，並不能導入所謂的收入。」

立志成為百年老店

蘑菇的品牌精神，希望傳達人與人之間的互動和那份溫暖的感覺，設計團隊對商品的用心有過人的執著與堅持。為了讓穿上T恤的人有更通透舒暢的感覺，在布料挑選，硬是挑戰九〇%純棉加上一〇%的麻，經過不斷地嘗試和失敗，終於完成心目中的構想。會有如此的堅持，是因為他們希望從最單純的布料裡，「搓揉出生活的靈魂與肌理」，負責設計的李美瑜形容，這是一種「奢侈的皺摺」。

朝百年老店目標走下去的蘑菇從T恤、袋子、筆記本到二〇〇六年底成立的Have A Booday中山店鋪一路到大稻埕店、台南店、松菸、林百貨櫃位等空間均落實「蘑菇」的「文化即生活」理念。像中山店除了自家商品外，也販售設計師喜愛的日本設計師柳宗理的刀叉等餐具；二樓是小小的Café，在享用咖啡和輕食之餘，還有設計師喜歡的音樂和從世界各地蒐集回來的書籍雜誌；三樓也在工作室移到大稻埕後擴大成為咖啡店。

夢想成真的甜味

當張嘉行談到蘑菇，這個大夥一起創立的事業體，他說：「這份工作與生活慢慢接軌、結合，也幫助我們找到志同道合的夥伴。我們比較在乎的不是賺大錢，重要的是，我們在做的事情，就是我們所夢寐以求的。」

在蘑菇網站上的品牌故事提到，「我們每天開店收店，如太陽升起又落下，然後在夏末的某幾天，我們會爽快地拉下鐵門，一同出遊！設計與生活在這裡是如此緊密地連結，多令人開心呀！原來，蘑菇不僅設計了商品，也設計了生活。」這樣的一席話，簡單真摯地表現出蘑菇們的滿足。他們不僅實現了夢想，也找到了他們要的生活，這麼甜美的生活，何嘗不是汲汲營營的世人們所欣羨嚮往的。

對蘑菇的團隊成員而言，Booday 蘑菇不是一家服飾公司、不是一家書店唱片行出版社、不是一家咖啡店、不是一間畫廊，雖然他們的確做著這些事。只是因為這些事，讓他們的工作與生活變得更有趣，是一個仲夏夜裡大家都夢想過的，也讓他們的人生增添更多色彩。

巷弄創業家的未來挑戰與發展

對於蘑菇這樣的生活風格小鋪未來改變與可能遠景的想像，張嘉行認為比十二年前剛創業時差距很大，看起來更好但也不是當初預期的樣貌。當初選擇自己覺得最有趣的工作樣貌與內容、環境，一開始主要做設計業務（現已停掉）。做品牌最初是好玩，但現在變得和當初不同了，因為不只是品牌，主要又負擔許多員工的生計，更重要的是透過這個工作接觸到台灣更多產業與品牌，也有更多問題要面對，這些問題也日漸嚴肅，近年成為重要課題。

「當初覺得做T恤可能最簡單，把一件衣服壓圖上案就能賣了。後來愈來愈龜毛，自己選布料、顏色、製作版型，因此要跟工廠接觸，為了增加價值感，改做有機棉T也因此接觸到環保議題。在台灣能找到的生產單位的條件與大家心中的MIT落差很大。感受到接下來要解決的問題會是品牌經營者和生產者的合作關係，這是很沉重的問題。原本想像對方是工作職人、很認真地做、找到年輕人願意投入學習這項工藝技術，事實上這個想法太樂觀了。」

台灣比起日本傳統帆布袋包製造產業的特色：日本供應鏈體系整體較整齊，台灣有很大落差。日本對於創意事業，周遭搭配有支撐製造能力的工藝、產能、資金、通路等互補性資源。他們不只具備職人的傳統，也有許多專業的中介機構，這是台灣沒有的。

張嘉行在做帆布包過程中，要求去看生產線時，發現帆布袋包主要的生產工廠都在大甲。大甲是布包生產重地，但是去了工廠卻看不到工人，只看到很多機台。後來發現，台灣現在的行業生態，沒有做到某定量的量產，其實是找不到工人願意去工廠。原來所有袋包生產線都在家庭、村莊裡。張嘉行說：「新的合作袋包廠商願意帶我去看，看完很震撼，那個環境就像是非洲、印度的家庭，一邊照顧孫子一邊製作袋包。土磚屋裡就是工廠，他們依照自己的生活型態，融入生產流程，不具備管理基礎，生產環節就算出現問題也沒人想改變。除了我們之外，他們也會幫 Hola 等公司製作袋包，但蘑菇的要求比較高，售價也較高。」

對於蘑菇、甚至是創意事業的未來，張嘉行認為是為有焦慮的，「我們在這裡想品牌，做得再漂亮，萬一五年、十年後那些媽媽不做了，到時候我去哪裡找人？其實是在走一個看不到未來的路。到目前為止，T恤曾經去廈門做過，但因為不易控管又拿回台灣。我不贊成講MIT這件事，我認為應該是設計和經營能力留在台灣，生產可以外放，生產留在台灣有太多條件不容易配合，像是工作斷層的問題。在台灣下訂單製作，真的能彰顯品牌強調的品質嗎？其實真的不容易。」

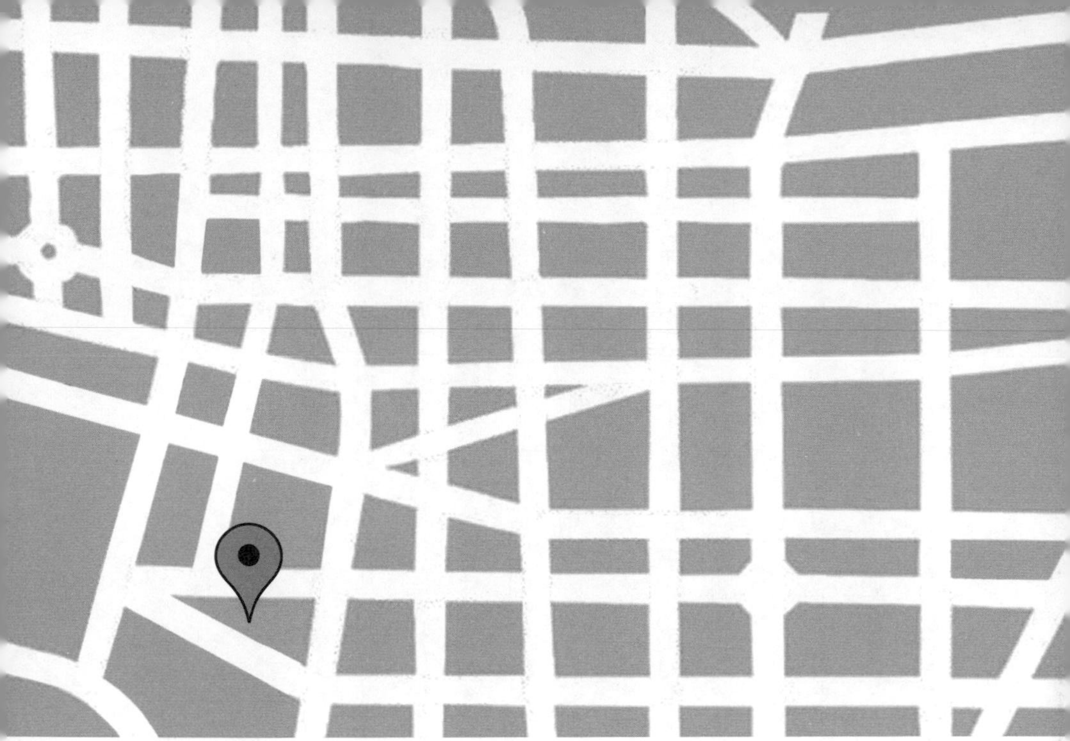

世外桃源一仙境
——水來青舍

悄悄來到世外桃源

探訪水來青舍那天，車子下了交流道彎進觀音鄉，就發現沿路的農地都種滿蓮花，彼此相連的農地一起種植蓮花，一片接著一片的蓮花池真令人驚艷！經過多次的問路尋訪，我們終於找到水來青舍。或許是因為沿路的蓮花，也或許是鄉間的小路太過於錯綜複雜，抵達水來青舍的當下，我深深覺得自己置身於世外桃源，有著發現新大陸的興奮。

水來青舍隱身於一大片蓮花池後方。大門口的蓮池中，荷葉上的露珠隨風滾動，羞澀地迎風招展，蓮池倒映著遠從山西運來的、有著一百五十年悠久歷史的門樓。穿過門樓後方的竹林小徑，映入眼簾的是馬頭山牆、魚鱗灰瓦的古樸建築，以及半畝的庭院。庭院中的擺設裝飾，以中國傳統的圓窗拱門為主，有些許的古佛禪意，與京都一般富人的庭院造景相去不遠。但推門入內，才驚覺它的特殊，雕梁畫棟的廳堂，讓人眼睛為之一亮。就是這般視覺意境，讓每一位訪客，都有置身世外桃源的欣喜與感動，有著惜緣、惜福的珍惜感。

尤其每天倉促、忙碌的都市人，更是嚮往如此與世無爭的片刻休憩。主人李文華、翁雪晴夫妻和大家分享這自然閒逸的生活空間。他們的輕鬆談話中，不斷強調自己是無心插柳，一切都是「隨緣」。不居功的樸實個性，有著中國人傳統的美德，腳踏實地做自己，一步步地沉澱累積，以真實的生命經驗，親切率真地與人分享，不矯情，不做作，卻誠摯動人。

穩扎穩打地完成愚公移屋的夢想，不急功近利，只求盡心盡力做好每一個小細節。如同志向型企業，為自己的夢想而努力，使訪客打從心底地被感動，即使非假日的中餐時段，也常是高朋滿座。

李氏夫妻熱心地與訪客噓寒問暖，在他們心中每位客人都是朋友，有朋自遠方來，自然不亦樂乎。與人為善，進而廣結善緣，朋友自然愈來愈多，彼此之間也有著魚幫水、水幫魚的良好互動。

水來青舍也因為有著特殊的佛教磁場吸引力，到訪的每一位客人都有著慈眉善目的氣質；彼此談論的話題，有輕鬆自在的家常寒暄，也有具深度的佛學探討。每一位客人都盡量輕聲細語，甚至在戶外喧鬧的孩子，一進入室內就會安靜地用餐。用餐時段充滿闔家歡樂的愉悅，過了用餐時段，大宅恢復安寧，空間散發著清幽的寧靜，讓人沉澱世俗的煩惱。由於這樣特殊的環境氛圍，自然也吸引許多書法家、藝術家駐留。水來青舍有如能夠產生靈感泉源的寶地，讓藝術家心靈沉靜，並達到發揮創意的意境，因此水來青舍備有文房四寶，讓藝術家可以隨時揮灑，記錄當下的感動。

古佛牽引下，老宅異地重生

一尊明朝大佛的牽引下，開始李氏夫妻移屋的故事。

在買賣古董時，李氏夫妻買到了一尊明朝大佛。他們深知大佛是寺廟裡供信眾朝拜的神像，應該找個地方供奉。為了安置大佛，李氏夫妻決定回鄉蓋一幢新屋，而且必須是古色古香的傳統建築，因而到中國黃山找尋裝飾壁花，希望將新屋裝置的更有古味，最後將整棟古董建築買回台灣卻是始料未及。或許一路上的轉折契機、貴人相助，都是冥冥之中大佛的安排。雖然遇到許多困難，但每一次都能化險為夷，好比每一次磨難，都是大佛為了考驗他們的耐心與毅力，而李氏夫妻終究通過考驗，追尋大佛默默地指引安排，讓一切苦盡甘來。

老宅的新生命

「水來」是女主人翁雪晴外婆的名字，當年翁雪晴受到外婆的感召才篤信佛教，因此命名紀念外婆。而「青舍」是取自唐朝詩人王維〈送元二使安西〉：「渭城朝雨浥輕塵，客舍青青柳色新。勸君更盡一杯酒，西出陽關無故人。」如此有著親情感念與詩詞意境的名稱，讓老宅重生。

老宅位於清朝嘉慶安徽省黃山棠樾村，當時人稱「狀元村」；現在已是荒廢多時、人跡罕至的廢棄村落。李氏夫婦購買的這小花廳（距今約兩百五十年），是達官貴人的接待所，後來也曾當作私塾。

老宅落成時，李氏夫婦就覺得這樣的空間應該和大家分享。而這棟古宅也像是個磁鐵，自然而然地就吸引同樣特質的人前來。一開始是附近的老師來寫書法、品茶，漸漸地近悅遠來，來訪的客人愈來愈多，許多人建議水來青舍除了供茶也供餐。

老宅內的所有古董家具與器皿，如果有緣人喜歡，也可以開價購買，因此老宅也成為最佳銷售古董的場地。在創意生活產業中，我們時常發現，新事業體也有主人過去智慧淬鍊的影子。過去翁雪晴從事古董家具業，現在水來青舍雖是餐廳，但也是古董家具行。

夢想因為「人為」而偉大

李文華十六歲就到台北打拚，從事印刷業，但因工作量大又不穩定，因此有回鄉定居的念頭。翁雪晴從事古董家具業，必須經常奔波中國大陸購買古董，回鄉安定下來成為夫妻倆共同的心願。

李文華位於桃園觀音鄉的祖產農地，最初只想蓋農舍種蓮花，後來有緣找到安徽這幢老宅，夫妻倆都非常喜歡，購買時雖受到屋主哄抬價格，原本台幣八十萬，提高到四百萬，中間價差五倍之多，但因為實在很喜歡，還是決心買下。原本到中國黃山是為選購門片或窗花，希望拼湊些飾材來裝飾家鄉的新屋，或許是當天的陽光、空氣，使得老宅的氛圍充滿美感。翁雪晴回憶說：「陽光輕輕的落下，照得古屋內的銀杏木釋放出溫暖的色澤，空氣裡透著幽靜……。」「喜歡」就是唯一的理由，而購買一棟「成套」的老宅，成本與蓋新屋相去不遠，

何樂不為呢？夫妻倆盡量樂觀思考，尤其當地人不斷鼓吹拆解老宅與重組再建的易達性。翁雪晴自幼就喜歡中國古物詩詞，從小就夢想著未來能結廬在人境，過著如同陶淵明一般與世無爭的日子。有一棟屬於自己的老宅，就好比走進時光隧道，現實與夢想又更近了些。

築夢的艱辛過程

李文華輕描淡寫地說：「中國大陸因為老木工師傅多，拆屋後再組裝，非常普遍！」拆房子之前先逐一編號就花費九天，之後再請五十名工人，花了約四十五天完成。

在這之前似乎一切都非常順利，殊不知經由貨櫃將木頭運回台灣時，所有的編號都已經剝落五六成，凌亂的慘狀有如一堆垃圾；而當初帶去中國，一起拆解的台灣木工師傅，自覺能力不夠，不敢承接組裝工作。在尋覓願意組裝老宅木工師傅的停滯期間，成批的上等銀杏木，就曝曬在室外，那年雨又特別多，颱風、豪雨、梅雨不斷，每逢下雨夫妻倆穿戴著斗笠、雨衣挖水溝，滿臉滴著雨水、汗水，甚至是淚水，內心想的是「會不會永遠找不到會組裝古宅的師傅？」、「真要如同老爸所說的，把這些木頭當柴燒嗎？」內心充滿對未來的不確定感。

這段時間成為蓋這棟老宅最艱辛的歲月，但也是日後最令人咀嚼的時光。最後在眾多貴人的幫助下，耗費千萬，經過三年的時間，這幢小花廳終於在觀音鄉的土地上重現。

閒居青舍的水來料理

當水來青舍決定供餐後，李文華原本想提供雪晴娘家的澎湖海產，由翁雪晴娘家每天宅配最新鮮的魚貨，而後因翁雪晴篤信佛教，決定供應素餐。夫妻倆對菜單不斷求新求變，一開始如同一般素食餐廳，供應豆類再製食品，而後向「食養山房」取經，回歸素食的初衷，不再提供再製品的餐點，而以最新鮮的天然有機食材取代。

此外，許多食材都是觀音鄉附近的農家提供，過去觀音鄉因為青年人口外移，大部分農地休耕，後來因附近農家與水來青舍合作，活化附近的資源，開始培育有機蔬菜。這些食材符合身體基本需求，不會造成額外負擔，李氏夫妻表示：「水來青舍的時蔬慢食主義，並不是指吃得慢，而是希望大家靜下心來，細細品嘗食物最原始的美味！」於是成功創造了「時蔬慢食」的用餐環境。

水來青舍沒有菜單，所提供的蔬食套餐，一份共有十道菜，每份五百元。隨著季節變化，菜餚的材料、烹調方式時而更動。目前，夏季套餐有蓮花沙拉、涼拌豆腐、手卷、炸物、韓式泡菜飯、時蔬煲、拌野菜、養生湯、甜點等。翁雪晴說：「因為倡導回歸自然的大地飲食，所以料理盡量呈現原汁原味，少油、少鹽、少糖之外，還盡量自己製作原料，像是韓式泡菜飯就是使用自己醃製的泡菜，以掌握食材的品質。」

出入有僧皆佛印
往来無客不东坡

兩人深信大自然造物自有其奧妙，因此菜單都配合當令節氣，以最適合的蔬果調配，如此才能品嘗最圓滿的蔬食藝術。完全沒有廚藝背景的李氏夫妻，以用「心」的態度，不斷自行研發實驗新菜單，醬汁也自行釀造。當實驗菜餚達到滿分標準時，再與廚房工作人員進行溝通教學，確保出菜品質一致。

薛太空，感動相挺

薛太空建築設計系畢業，原本從事現代化的建築設計，受到屋主的傻勁所感動，激發自己對於建築老宅的使命感。而前所未有的工作內容，讓他辭掉原來的工作，花費兩個月的時間，鎮日專注地推敲著徽宅原有的樣貌。而有些掉落的數字編號，重組格外費工，他利用現代電腦技術，將成堆的木頭，重新編號統整，才成功復原這幢古建築。

林師傅，三代木工世家

林師傅曾經參與板橋林家花園、龍山寺的維修工作，經驗非常豐富，負責為水來青舍重整梁柱與內部的雕刻細節。為了讓這些歷史悠久的木材能恢復昔日的樣貌，林師傅說：「老房子最重要的是卡榫，木柱有七米高，高空組合最難使力，必須用繩索先固定，只要一根柱子沒有接好，就會像骨牌效應般倒下。」這樣艱辛又高度挑戰的工作，一生沒有幾回，林師傳評估一個月後決定盡力試試看。

機緣巧合

天時　近年文明病例日漸增多，消費者不再崇尚奢華風格的豪華料理，天然有機養生素食日漸流行。而另一方面在都市叢林，弱肉強食的競爭壓力下，人們也愈來愈嚮往與世無爭的田野生活。水來青舍在這時機點，提供了消費者最大的綜效服務，在享用無負擔的田園美食時，也可以沉靜洗滌心境，甚至讓心靈充電。

地利　一切有如水到渠成般地自然發生。李文華祖傳的農地，坐落在觀音鄉，蓮花就是當地的重要農作，蓮花脫世離俗的氣氛與水來青舍的存在，就好比畫龍點睛般的與環境氛圍相融合。而觀音鄉大部分的休耕地，更讓李氏夫妻有機會在此發展有機蔬果的種植。一般而言，有機蔬菜的耕作空間，必須周圍也都從事有機種植，否則蟲害會破壞無噴灑農藥的有機耕地。且有機耕地必須經過幾年的休耕，才可以代謝過去的農藥汙染，這些都是有機耕地施行困難重重的原因。然而觀音鄉有著地利之便，使水來青舍可以與當地資源密切結合，成功地活化閒置資源，並動員鄉民，與當地社區結合，活化新耕農地。

人合　水來青舍的建造，從尋訪安徽古宅，到最後落地建成，而後發展餐廳，遇到許多貴人的相助。每一位有緣人盡心盡力地幫忙，或無心插柳，才讓這樣美好的故事成真。而這一步一腳印，都讓水來青舍有更多刻骨銘心的感動故事。

善用資源

李氏夫妻並沒有家財萬貫的財力，他們的移屋計畫也沒有財團法人基金會挹注。簡單說，他們就如同你我一般市井小民，卻可以完成一件令人敬佩的事蹟，而後發展蒸蒸日上的事業。這是因為他們懂得如何選擇資源，善用祖傳的農地，加以整地規畫，打造出不同於農家的創意風格。此外，李氏夫婦也結合過去的專業，加上古董買賣的知識，以及對大陸市場的熟悉與人脈，而後才得以有緣探訪到老宅。之後，在開發餐飲新事業後，其幽靜典雅的用餐環境，並繼續與有緣人買賣古董家具，讓老宅成為具雙重功能的空間。而在商言商，水來青舍的經營之道，雖然鎖定小眾的素食客群，但他們的用心與專業，自然能吸引消費者絡繹不絕地到訪。

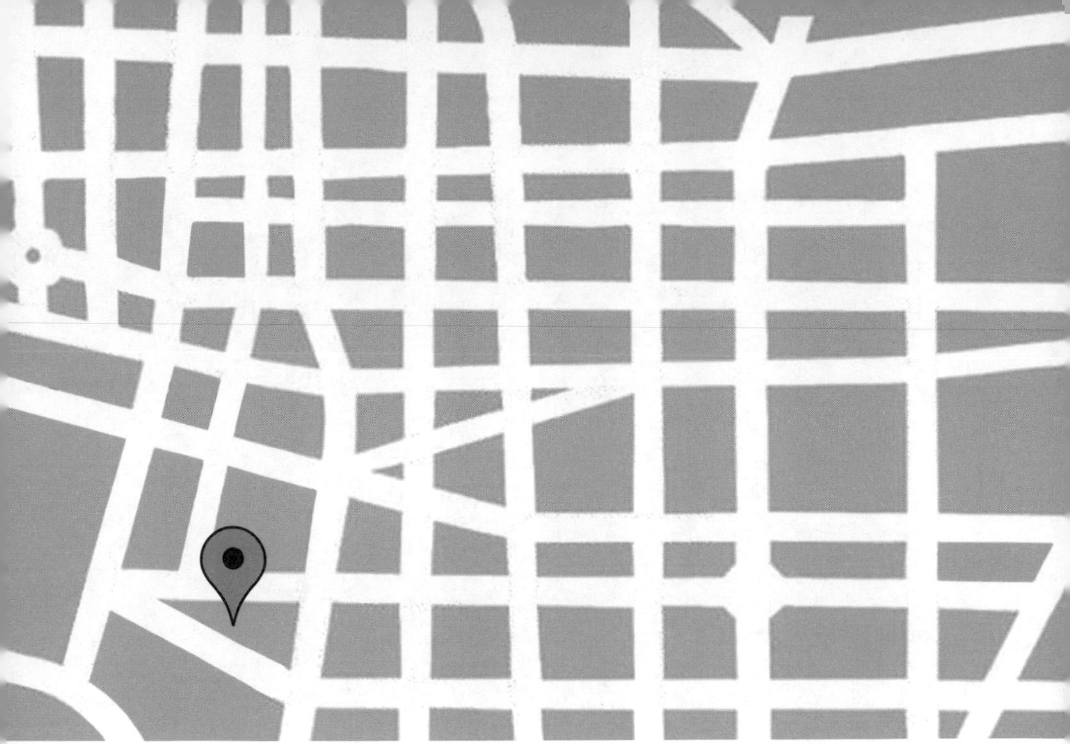

散發藥草味、人情味與生活真善美

——阿原肥皂

心平靜了，就會找到自己

阿原找到了自己，也用他正向的能量，帶我們找到了用心生活的初衷——勞動力美學。自然樸實的穿著，黝黑膚色頂著小平頭，精實粗曠的外型，卻有著堅定溫暖的眼神及慈悲的神情，這就是阿原肥皂負責人——江榮原給人的第一印象。

打著「台灣青草藥手工皂」旗號的阿原肥皂，自二〇〇六年誕生，六到十年工夫，從台灣在地站穩腳步，不僅在品質上獲得國人及國際市場的認同，締造手工肥皂的傳奇，阿原想要傳遞給世人的真心誠意也成功收服大眾的心。這個充滿在地人情味的新企業、新品牌，就在阿原用心打造下逐漸成形，資金規模從兩百萬到兩億，事業夥伴也從剛開始的四人增加為七十六人。阿原肥皂究竟是如何達到現今的榮景？

高低起伏、刻骨銘心的人生歷練

相信跟阿原肥皂接觸過的人，都會因它動人的故事及真誠意念而感動，進而喜愛這個品牌。的確，阿原除了是個「做肥皂的男人」外，還是個天生的說故事達人，他身邊的人、事、物，都因他細膩地分享，變成了一篇篇具有魔力的故事。如此深刻的感受力及創造共鳴的信念，都與阿原轉折且戲劇性的生命故事有關。

阿原來自中醫家庭——曾祖父和舅公都是中醫師、祖父則是草藥師，他從小對植物有種莫名的喜愛，也對草藥及中醫有基本的常識。由於經歷了不斷搬遷及轉學的童年，童年缺乏安全感的他，從閱讀許多經典名著，以及台灣當代作家的作品中，找到心靈的慰藉，也培養說故事的能力。

從三重高職畢業後，便進入日商公司工作。努力上進的他，不只充滿創造力，也有著堅強的意志力及不屈不撓的毅力。他陸續換了幾份工作，也在產業界展開了一場華麗的冒險。

阿原擺過攤子，也曾進入《天下雜誌》當田野調查員，他認為自己有活蹦亂跳的創意，又具有「想要做自己」的態度，在崇尚自由、忠於自我的想法下，他開起了設計公司。但卻感受到自己與大眾所認同的「美」，似乎有一大段遙遠的距離，同時受到廣告業蓬勃活力的感召，基於廣告業對設計的要求不像設計業那樣的絕對，阿原又轉而投入廣告業的懷抱。而在阿原一步一步勇敢又有主見的嘗試下，他成立了廣告公司，為大企業做廣告文宣及選舉時的競選廣告。在他早年所累積的社會經驗下，阿原早已學會如何跟社會各階層的人溝通，這是他的利基所在，也為他在短期內賺來不少收入。

在操盤策畫選舉文宣時，阿原感受到選舉不但是個造神運動，還混淆了是非善惡，「台灣需要正面的力量，需要祝福」促使他離開這個行業，決定拋卻過去，歸零重來。

中年反思的人生真締

一九九九年，當阿原離開廣告公司後，曾經想要擁有一家屬於自己的小店，於是開了一間早餐店，生意相當興隆。但有主見的他，卻發現自己無法勝任服務業，因為他「不喜歡服務自己不喜歡的人」，於是又毅然決然地結束營業。

離開產業界的喧囂後，他開始接觸宗教，並修習氣功來調理自己。這時阿原發現自己的身體開始對過去的生活展開無聲的抗議，他的肌膚開始出現各種症狀，為了處理自己的敏感肌膚，開始致力手工草藥皂的製作。

阿原曲折的人生歷程，帶給他深刻的體悟，他知道他研發的手工皂，不僅要洗淨人們敏感脆弱的肌膚，還能夠產生正向的能量、洗滌心靈，讓大家回歸最純淨的本質。本著這偉大的夢想與義無反顧的初衷，阿原寫下了肥皂傳奇的序曲。

相信時勢，比造時勢重要

中年轉業、重新歸零的江榮原，二〇〇三年，帶著「因為只會做肥皂，那我是不是就做肥皂」的想法，成立了「阿原工作室」。這一切完全是無心插柳，也可以說是阿原口中的「順著時勢走」。

手作的幸福 把愛串起來

當阿原開始對肥皂市場展開觀察後，他發現清潔用品的市占率竟是那麼龐大，而這麼大的市場中，卻找不到國產手工香皂。於是從當時國外代理的手工香皂品牌中，研發精進，後來發現自己研發的產品也能夠達到一樣的水準，於是推出品牌「阿原肥皂」。他從市場的觀察中，找到一線曙光，也找到了未來。

是清潔也是修行，洗身也洗心

在這不景氣的年代，為什麼阿原肥皂卻能以高單價的姿態在市場上站穩腳步，甚至業績節節高升？

在事業概念上，阿原肥皂並不只是一塊肥皂，它承載著無限的想像與祝福。阿原想藉著肥皂傳遞給大家的，除了對身體的關愛及呵護外，還有「愛惜人身，將心比心」的信念。他期望將自己因皮膚過敏所苦的經驗，以及對眾生肌膚的呵護心念，滲透到他所製作的肥皂中，讓使用者不只體驗純手工、純天然的肥皂帶來的神奇療效，同時洗滌心靈的空虛及匱乏，將愛惜身體的心，進而推廣到推己及人的大愛。這樣真誠的想法，與當時追求心靈純淨的樂活態度相呼應，因此阿原誠實、透明地面對消費者的態度，與他的品牌故事感動了大家，也得到許多消費者的共鳴。

實踐勞動力美學，用時間醞釀出最純粹的作品

阿原肥皂最大的特色，就是所有產品都是純手工製造，並且以最天然的素材來製作肥皂。阿原所有的原料都是百分之百台灣製造，連藥草都是他們自己在陽明山上的梯田種植的，背後更有許多台灣鄉親們的汗水、淚水與動人故事。這是阿原以行動表現對台灣的愛，以及對土地的尊敬。

在肥皂的製作過程中，從選擇要使用的藥草、混合油水鹼，直到等待肥皂的硬化成形，必須花費不少時間。由於阿原十分堅持不使用石蠟及硬脂劑來加速肥皂凝固成形，因此每塊肥皂都必須靜靜置放一個月左右，讓它在最自然的狀態中慢慢完成皂化的過程。他也不使用高壓加工將肥皂切塊，每一塊肥皂都是確確實實地由人工切出來的。所有阿原的產品，都是在這種極端不經濟、不理性、不現代的手法完成的，比其他產品多出一分「人味」，也呼應了阿原所想要發揚光大的「質樸精品」形象。

手做、農耕、勞動是阿原肥皂的基本元素，其中強調的「勞動力美學」，是堅持雇用民間社區的勞動力來製造出最有感情的肥皂。他的勞動團隊著眼於最傳統的勞動力實踐，不去想像未來，只專心致力於當下手上的工作。每當問到營運版圖逐漸擴大，為什麼不使用機器來加速作業的速度時，他們的回答是「我們喜歡看到有溫度的動作，多過機器的冰冷」以及

以卓治夏

壽還真

阿原
YUAN
阿原VIP

「手工的真，就是要每個環節都有人親手切才『親切』」。這是一種真誠，也是一種擇善固執。的確，手工所蘊藏的溫暖與關心，絕對不是冷酷的機器量產製造可以媲美的，阿原選擇用純粹手工的產品，來表達他對知音的祝福及用心。

對底層勞動者及萬物蒼生的真誠尊敬

阿原最令人印象深刻的地方，就是他對所有人、事、物的關心及尊敬，尤其是對社會底層的勞動者。和阿原一起做肥皂的人，有船長、鐵匠、廚師以及田野工作者等各行各業的當地鄉親，阿原善待他們、照顧他們，也將他們背後動人的故事讓大家知道而珍惜。例如，最常出現在阿原身邊做肥皂的阿忠及阿忠嫂、擦拭肥皂的小柔及照顧草藥的發叔等，都是阿原動人品牌故事中的一員，這樣的舉動也讓消費者握著阿原手工肥皂時，同時觸摸到鄉親們的溫暖及心意。

阿原的溫柔，不只善待與他一起奮鬥的鄉親，他對於萬物蒼生都帶著關愛，連對待動物都是一貫地鐵漢柔情。從文宣品及照片中，可以看出他對動物的關照，他在照片中常常擁抱著台灣品種的「米克斯混種犬」，而阿原肥皂的每隻狗也都擁有自己的身分、名字，甚至是戶籍。從這些可以感受到，與阿原共同奮鬥的鄉親們，以及有幸流浪到金山阿原工作室的流浪狗，他們都已在那兒找到了安穩的幸福。

以善念來行銷經濟

阿原曾經說過，他知道台灣有愛和品牌的需求，因此，阿原肥皂這個充滿愛與關懷的品牌，儘管在艱困的環境中，依然能一步步地成長茁壯。

阿原對眾生的照護之心，不僅存在於照顧消費者身心靈的肥皂裡，他的心念，也真切地散播在各處。從開始經營肥皂以來，阿原對於行善總是不遺餘力，從流浪狗、弱勢族群、未婚媽媽、殘障朋友、到中途之家的中輟生，他總是將他的關照之情大方給予需要的人。阿原曾說他不喜歡給承諾，但他總是用以實踐來取代承諾，用發自內心的善行來證明他的大愛。

這就是他所推行的「以善念來行銷經濟」，誰說只有折扣、特賣會才能得到消費者的青睞？當阿原真心誠意地對消費者闡述理念及善意時，天地各處的有心人都聽得到，也感受得到。

阿原的專注、堅毅、慈善、誠懇、勇氣與真心，都讓我們感受到他的獨特。從他們親手打造的產品中，我們可以體會到這些肥皂背後所牽繫的誠摯心意與祝福，也可以深刻地感受到，在產品的最深處，流動著機器無法給予的人情味與心意。

從茶開始，延續北埔文化

——水井茶堂

迷失在繁華城市的鄉村細賴

古武南，一九六五年出生在北埔，國中畢業曾經當過傳統西服的剪裁學徒，後來上台北從事服裝設計，一待就十多年。

雖身處繁華的台北，一旦和老家朋友聚會聊天，話題都圍繞在故鄉北埔的種種，懷念冷泉、老街、洋樓等，對故鄉特別有感覺。所以在離開故鄉十年後，最後選擇落葉歸根。他說：「在台北當服裝設計師，住在天母、開進口名車，每天穿得很體面、喝酒玩樂，全身上下都是進口名牌，其實，都是在表演給別人看。然而人生需要的不多、

想要的卻很多。我擁有的都是想要的，不是需要的。我常問自己，真正需要的是什麼？所以就回北埔了。」

一九九二年，二十七歲的古武南在竹東開設服裝經銷店，一九九五年成立北埔民間美術文史工作室。一心想記錄北埔各個時期的人文景觀，並以世居的觀點編輯、保存北埔現代文史資料，展現及延續本土文化及客家風情，呈現當地最原始的風貌。於是成立古蹟解說團隊，開設古蹟解說講座，並發行關懷鄉土的刊物。另外，在古媽媽開的「北埔食堂」中，也配合展出北埔的老照片，這樣做，無非是想要喚起北埔子弟和更多外地人過往美好的回憶。「我只是單純的想記錄下美好的文物」他笑著說。幸運的是，當時正好碰上時任文建會副主委的陳其南先生大力推動社區總體營造，當年文建會選定北埔和埔里兩個地方發展社區營造，北埔規畫結合古蹟人文資產，這和工作室理念不謀而合，自然就一頭栽進文化工作。

座落古蹟內的水井茶堂

一九九九年他和妻子帶著自己編的北埔刊物與紀錄，經過三度面試、三顧茅廬的情況下，下才說服姜家後代、台灣光復之後首任新竹女中校長姜瑞鵬，租借給他這棟建於一九三〇年的日式建築、國家一級古蹟天水堂的「外護」，也就是天水堂三合院最外圍六道護龍的右外橫屋舍。

古武南和妻子、妹妹與妹夫四人，花了一年功夫整理原本破舊髒亂的老屋，極力恢復成原貌。期間陸續投入資金高達三百萬元，才整理出現在的「水井茶堂」，屋主也很滿意這樣的改變。

「水井」這個名稱，是音樂人小蟲為這裡取的，除了說明北埔聚落以水井為據點的發展模式，在客家發音中，更蘊含美好景色的意思。小蟲有一次在電視上看到古武南接受採訪後，就親自拜訪，一見如故，小蟲所認識的北埔，不管人、事、物都是「水水，靚靚」的。古武南認為，水井提供的不只是茶，重點是生活的態度。人生如果只是為了賺更多錢、住豪宅，這樣就太悲哀了。

這些年來，古武南專注於提計畫案，編雜誌，拉攏居民的凝聚力，出版的書籍《北埔民居》，收錄近五年來的感想心得，描寫北埔人與房子的故事，全都是自己觀察抒發的文章，這本書也在二〇〇九年獲得國家出版品佳作獎。因為對北埔文化保存的貢獻，獲得新竹縣榮譽縣民獎章的殊榮。

值得一提的是，二〇〇九年古武南曾受邀出席「故宮文創系列活動——故宮茶事展演」，在充滿創意而精緻的茶事空間裡，與民眾分享不同風味的台灣品茶藝術。

水堂民宿，和老房子盡情對話

對老建築特別有感情的古武南，有了改造水井茶堂的經驗，並有感於台灣民宿品質參差不齊，二〇〇三年，整修叔叔的百年老房子，成為別具特色的「水堂民宿」。五十八坪的空間，兩房、兩廳、兩衛、一院、一閣樓。特別的是，入住前，必須先經過古武南簡短的「面試」，他才會大方地把鑰匙交給訪客，讓客人獨享這個開闊的空間。水堂是情感聯繫的私宅，一屋子的骨董是與前人生活相繫的驚喜。開設至今，已有許多文人雅士造訪，包括已故作家曹又方、音樂人小蟲、還有不少政商名人。

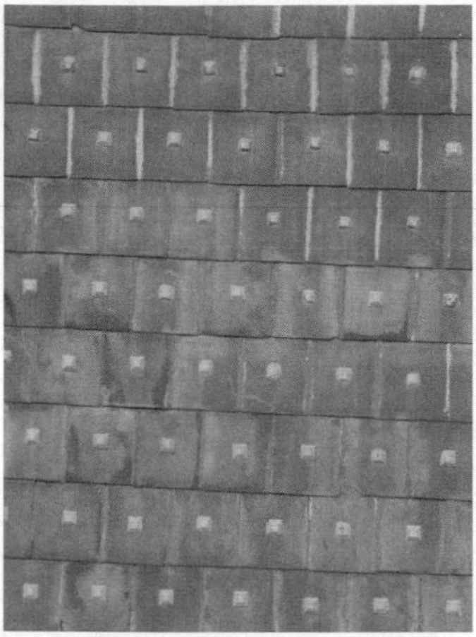

「水堂」的美，最特殊的，應該是保留客家傳統建築的「穿瓦衫牆」。這種形式的外牆，在全台灣的客家庄已經所剩無幾了。這是用竹丁定住燒過的瓦片，目的是避免磚牆剝落的巧妙建築法。這種工法傳自荷蘭，工人燒磚時，在瓦片中留下小孔，再將削成鉚釘狀的竹片，穿過紅磚插入土埆牆中，最後用泥水封住磚孔，以防範風吹雨淋對土磚的傷害。

走進民宿，有一個提供東方美人茶的吧檯，讓住

水井茶堂

茶博館

宿者可以盡情品茗，體會屬於北埔的風味。走上二樓的小閣樓，發現一個特別的茶几，仔細一瞧，竟然是有百年歷史的ＬＶ行李箱。廳堂裡的扇子是社區媽媽純手工製作的，而扇子上頭的文字是書法家宋兆閒隨手提筆，竹篩子是客家文物，效法水堂的題字，是許效舜一時興起用拳頭書寫的，從許多小地方可以看出民宿主人的巧思。

這裡不只吸引本地人，古武南說，每年固定都有三位外國訪客到訪住宿，讓他印象深刻。一位是澳洲駐台灣辦事處文化部的文化參事；一位是喜愛茶、一喝上癮，每回來台灣必來此報到的法國廚師；另外一位是在台北工作的日本人，他喜愛和許多朋友分享，每回都帶不同朋友前來，甚至還帶喜愛喝茶的鄰居過來體驗。

想要深度了解北埔，不在這裡生活是不能體驗它的精隨，由於一次只租給一組客人，所以老闆會為每位客人量身打造對方的行程，要導覽，還是古蹟解說；也可以在天井中體驗最道地的客家菜；想找個人聊天，閒話家常，或是聽主人說說建築，說說茶，水堂民宿可以讓你盡情享受北埔的種種。

學習模仿，青出於藍

古武南為了保存北埔文化資產，在文建會以及臺灣歷史資源經理學會等單位協助下，和學界及文資保存工作夥伴一行，前往日本古都觀摩見習考察。以妻籠宿為例，為了保存古蹟，當地人自訂「妻籠住民憲章」，明文規定老建築物「不賣、不租、不破壞」。但治本之道，還是要從社區著手，透過教育，讓大家有共識，並建立公約，盡力維護原來的生活面貌。他們在日本金澤，看到一座蓋了六年的茶室禪亭，乍看之下不覺得特別，仔細追問之後才知道，在建築的時候，蓋房子的師傅要先花半年學習茶道，半年操作學習建築。因為如果不懂得茶與禪，就無法蓋出好的茶室禪亭，如此停停蓋蓋，總共花了六年，日本人對於文化保存的精神，可見一斑。這讓我們學習到，文化保存維護不是一蹴可幾，日本花了二、三十年時間，才有一些成果，看似緩慢沒有效率，但卻如同農夫插秧一般，退步原來是向前。

國外考察之後，古武南認為模仿還不夠，北埔應該要超越。日本用銅板刻字放在地上，古武南就邀請書法家彭憲政題字，以石刻把字嵌在老聚落的水井巷上。日本遊客看了都嘖嘖稱奇。這樣一來，老街復原了，同時增加了一些新故事。

水井茶堂，在古蹟中喝到獨有文化茶香

隱身在北埔的巷弄中，從國家一級古蹟天水堂的後巷走入，就可以看見水井的招牌。從巷口的古井旁走入，先看見古井的百年圍牆，這圍牆是以「金包玉」的裝飾法築起，也就是在土磚外加上紅磚。在當時，這可是有錢人家的作法，一般民眾無法負擔這樣的花費。向前走會看見古井低調的洗石子大門。走進水井，所有建築和擺設都讓人感受到往昔時光。

其實古井是一級古蹟天水堂六道外護的第六道右外護，關於這間外護，也有一段小故事。當年的屋主，是台灣光復之後首任新竹女中校長姜瑞鵬先生，他居住時，對於每次出門要由最外護穿越多道屋舍迴廊才能走到大門，感到十分不便，於是決定在自家屋舍開個門，方便出入。雖然風水先生認為在外護開門會漏財，但姜瑞鵬不採信。所以現在水井茶堂才能在姜家私宅不對外開放下，對外營業。

街角生活茶博物館，提供在地居民品茗

街角生活茶博物館由文建會補助，所以參觀不需門票。茶博館包括展示間、和式房與大教室。古武南把家裡的寶貝拿出來，用心陳設從民國以來北埔茶的發展演變，包括當時外銷北埔紅茶的茶葉罐，考究的擺設讓旅人一進這個宅院仿如走進古早的茶香歲月。另外，和式房原本是傭人房，經過改造之後，配合燈光木頭地板上展示茶具呈現高雅的氛圍。

在永續經營理念下，文建會建議可藉由販賣茶葉、茶包或是茶具，來賺取經費。但古武南卻仿效日本金澤二十一世紀美術館，以市民和美術館共存為主題的概念，在此實驗。對觀光客而言，久久造訪一次北埔，走馬看花的觀賞，這些並不是客群鎖定對象；這裡反而希望和在地生活連結，供居民使用，成為在地人的生活博物館。在茶室中，居民可以坐在北埔的茶箱上，細細品嘗一杯杯北埔的好茶。

水井茶堂

六碗 通仙靈
五碗 肌骨清

北埔整體空間營造，贏在起跑點的百年馬拉松

北埔的發展，歸功於得天獨厚的環境，歷史的演進造就了姜阿新洋樓、慈天宮等古蹟，這些都是很好的展演空間，加上英國女皇賜名的「東方美人茶」，有茶有古蹟，自然能吸引觀光客。

北埔之所以會出現洋樓，是因為做茶買賣發達了，才有經濟能力蓋洋樓。但現在變成居民的文化會館卻和洋樓源頭「茶」沒有任何關係，失去這層意義真的很可惜。有鑑於此，古武南曾在洋樓裡舉辦「古蹟裡的茶會」，希望拋磚引玉，讓更多人在裡面泡茶，才不枉費這個茶的空間。

而隨著北埔鄉民所得提高，生活改善，接著要提升的，就是居民的生活水平。北埔的文化和產業是互利的，可以共榮發展下去，也要鼓勵居民積極參與文化傳承活動，例如贊助地方雜誌或擔任解說志工。如今水井、水堂，街角生活茶博物館，已經讓許多外地遊客為了茶、為了舒適空間慕名而來。希望這樣的經營概念能慢慢潛移默化，如同茶道美學擴散在北埔鄉民中。

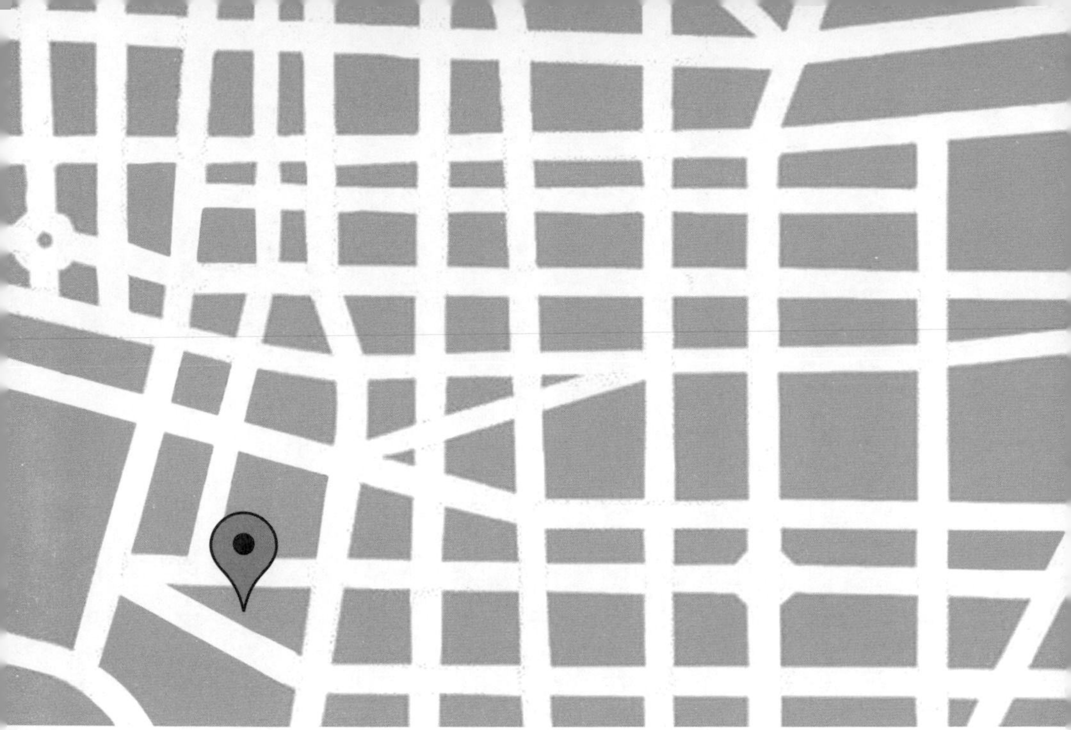

融合茶、陶、畫，展現生活新風貌

——九份茶坊

喜愛畫畫，但也面對現實困境

從小就喜愛畫畫的洪志勝，為學校贏得了不少獎項，但面對生活的困境，從八歲起即半工半讀，為了三餐而四處打拚。

復興美工畢業後，進入文具禮品製造業從事設計。當時工廠的訂單應接不暇，洪志勝每天幾乎工作十八個小時，每年休不到五天假。隨著衛星工廠的移轉，他將工廠遷移到泰國、印尼，後來遇到一九八〇年的兩伊戰爭，受到物價上漲波及，工廠不得不暫時歇業。

於是，他回到台灣，重新思考人生方向。閒不住的洪志勝，想到自己最想做的兩件事，一是當農夫；二是當畫家。一個因緣際會他來到九份，重拾畫筆，心靜了，也想了許多，賺錢的念頭也沉靜下來了。因此決定定居在九份。當時的他思考著，如果就現有的積蓄在九份定居，是否有可能靠賣畫維生？因此，有了開設茶坊的想法。

金脈淘盡，人去樓空的蕭瑟

一九八〇年的九份真的是個悲情城市，這裡的年輕人大部分都外移到大城市打拚。所以在當地最常看到的情景是老人們坐在街道旁曬太陽，或是拿著拐杖牽著孫兒的手走在小巷中。這時候的九份還看不到絡繹不絕的觀光客，有的只是一些被美景所吸引的騷人墨客做短暫停

留。空盪盪的九份山城，洪志勝一個人坐在基山老街畫畫，常常畫作完成時都沒有行人經過。

洪志勝每天拿著畫具到處取景，常與許多老人家聊天；一個偶然的機會，認識當時九份第一座擁有百年歷史的古厝——水池仙診所。這個曾經在淘金年代相當有名氣的古厝，引起他的好奇，一窺究竟後竟然興起買下的念頭，於是花了一百二十萬買下這棟占地一百二十坪的樓房，也買下這棟古厝的故事。當時很單純想買下大房子做為工作室與畫室。這件事竟成為當時九份鄉親茶餘飯後的話題。

結束文具禮品事業，定居九份的洪志勝，雖然決定將藝術做為日後生活的重心，但經濟問題仍是首要考量。學畫的人常說：「學會做夢後，當有輪廓時則要開始理性地想該怎麼去落實。」因此，在台灣如何能保持畫畫的時間，同時又有維持生活的方式，是洪志勝對自己人生規畫的主要考量。這樣的因緣際會，讓他離開原本忙碌的生活，回歸到平靜又單純的畫畫。九份這麼純樸又美麗的環境，同時擁有寬廣的宅院，於是興起開設茶坊的念頭——經營一家能讓到訪九份的遊客有遮風避雨、喝口茶的休息空間。

興趣與生活的結合

聽故事買房子的事讓洪志勝成了眾所皆知的人物，不僅鄰居用異樣的眼光看他，連他身旁的好友都不看好地紛紛勸阻，但這些阻力並沒有讓他放棄夢想。整修老舊宅院花了四個月、五十多趟的三輪車來回清理，才將舊有的雜物與陳年的髒亂清出。

洪志勝的堅持、再加上最重要的關鍵因素——開店前四個月針對當地觀光客所做的九百份問卷，讓他相信自己的直覺與預測，堅持開設「九份茶坊」。

當時已有幾部小說和電影是以九份為背景發展出來的題材，但卻少有人關注，直到侯孝賢執導的電影《悲情城市》得獎後，人們才開始注意到這座曾經繁華的美麗山城。九份茶坊開幕之際，恰好也是電影開始籌畫拍攝，洪志勝的遠見與九份第二春的繁華正好巧妙地銜接上。不論是原本就被山城之美吸引而來的遊客，或是受到電影感召而想窺探這座悲情城市神祕面貌的影迷，都成為九份茶坊最早期的顧客。也許時機運轉是九份茶坊受歡迎的因素之一，但不諱言地，洪志勝對夢想的堅持，絕對是茶坊成功的重要因素。

民國八十年（一九九一）十二月二十五日，九份茶坊開幕，問卷的受訪者分批到來，之後又帶了其他朋友前來，來訪人數因此逐漸增加。茶坊一開始只有假日營業，但是平日仍有許多客人在颳風下雨時專程過來敲門詢問。因為不忍心客人專程來訪落空，所以洪志勝幾乎都會開門招待，請他們喝喝茶聊聊天。後來訪客愈來愈多，無法一直免費招待，三個月後就連平日也營業了。

一開始就設定以「茶、陶、畫」為主軸的九份茶坊，後來陸續增設了陶工坊、九份藝術坊。為了拓展現有的藝文空間，並達到結合藝術與生活的目的，在民國八十六年（一九九七）

九份茶坊

九份茶坊

福

礦工燈茶具組
（一壺一杯）
TWD 2000

成立了「天空之城」（現改名「水心月」茶坊）。

生意愈做愈好，很多事情的發展出乎當初預料；後來因為客人太多反而形成壓力，洪志勝乾脆眼不見為淨，交由店長經營，自己到各地旅行，過著遊牧民族般的畫畫生活，直到二○○○年結婚後才又回到九份。

洪志勝目前以九份茶坊為生活重心，希望以九份豐厚的人文為基礎，透過歷史建物的活化再利用，並藉由「茶藝、陶藝、繪畫」等元素與生活融合的新風貌，使九份山城在藝術的薰陶下，在國際觀光舞台上，再現風華。

過去在文具製造業打拚九年的光景，雖然因為外在的因素使得事業停擺，但卻成為洪志勝人生當中重要的轉捩點。他說：「我常在想事情不到最後，是福是禍真的無法定奪。今天踢到一個鐵板讓你停下來休息，反而能思考的更多，而有意外的未來。」目前的事業隨時都可以停下來，因為停下來並不會造成太大的影響，庫藏的茶葉可以留著慢慢喝，茶坊裡的擺設也都是他最愛的收藏，如果未來賣不掉也可以留下來當傳家寶。如此豁達的心境與當初為了

維持工廠的營運而在公司不眠不休地打拚，差異相當大。

「藝術是我終生的志業，不管賺錢不賺錢都不會放手，只要三餐能吃飽就夠了。所以我在經營時是以藝術為主要包裝，達到創作的目的，並從旁邊取得資源來供養藝術的泉源。」洪志勝帶著靦腆的笑臉說著。朋友常說他是個工作狂，對於想要做的事，沒有達成是不會罷休的。這份堅定與自信，讓洪志勝的生活與事業能夠和興趣相結合。抱著九個月大的兒子，和身旁言談風趣、熱情的妻子述說著目前愜意的生活，兩人臉上幸福的笑容與九份輕柔的微風都讓人有微醺的感覺。

左腳踩著感性，右腳踩著理性的藝術家

洪志勝是標準左腳踩著感性，右腳踩著理性的A型人，他對美學藝術有著豐富的熱情，但因為家庭環境的影響，讓他知道現實環境必須以經濟為優先考量，於是先投入文具製造業，歷經九年刻苦的磨練，創立自己的事業。那段時間雖然辛苦，但這樣的經驗讓他摸清楚商業營運的模式，也培養務實的經營能力。

九份茶坊開張第二年，生意愈做愈好，他有計畫地把店面交給培育成才的店長、經理之後，就開始到各地旅遊、畫畫，過著自由自在的生活。那段期間幾乎有八個月沒回店裡，到歐洲參觀很多美術館。

二〇〇〇年九份茶坊的營運掉到谷底，類似的茶店陸續開幕，茶坊的生意受到影響，營業額不到現在的三分之一。面對這樣的瓶頸，洪志勝思考很久，後來決定重新整頓。

原先的九份茶坊只提供泡茶與茶點服務，洪志勝再回到茶坊後，決定開發茶具、陶具等周邊產品。這些產品由他親自設計，然後交由陶工坊燒製成成品。茶坊店內也販賣茶葉，客人喝到喜歡的茶，也能買回家品嘗。

洪志勝改變茶坊的營運模式，加入更多新元素，例如，強調以藝術展示為主的主題式空間，改變茶坊的擺設，將過去至多能容納兩百人的環境調整為只容納一百人。並節省人事成本、提高員工福利。過去店裡一天最多有五百多位客人，現在雖然只有兩百人，但因為平均消費提高，加上周邊產品的販售，九份茶坊目前的營業收入已超過十六年前的最盛時期。而這一切證明了洪志勝不僅是個感性的藝術家，過去在文具製造業的實務經驗與精湛的眼光更造就了現在的事業。

茶坊的建築設計刻意保留古厝的原始風貌，歷經百年歷史的建築結構本來就比較脆弱，再加上當時運用的物料現在大多已不被使用，整體而言，這些古物的維護及保存是相當不容易，但洪志勝為了呈現古厝最原始的風貌，不昔花費許多金錢與人力，只為讓來訪的遊客看到記憶中最真實的台灣味。除了古厝的設計，他也將自己從各地遍尋而來的古物用來布置古厝；進入店裡即映入眼簾的八角菸酒櫃、展示設計茶具的醬菜車、包廂內的古董床等，這些被父親笑是「憨子」，花了數萬元與許多精神所購買的古董，都成了茶坊內整體空間營造不可或缺的重要道具。

山不轉路轉，路不轉人轉

隨著九份的繁榮，九份茶坊的成功吸引了許多相似業者的投入，周遭大興土木，將茶坊內原先可觀賞的天然景觀完全遮蔽。茶坊的優勢逐漸消失，洪志勝並不灰心，反而更加用心地投入茶坊內部的體驗營造。儘管台灣遊客比較重視天然景觀，但國外觀光客相對比較在乎台灣古早味的體驗，因此，他除了用心在茶坊內部呈現台灣最原始的古老風情，同時也將原本可看到九份美麗海景的大包廂重新設計為九份美術館，透過展示九份當地藝術家的作品，與九份茶坊、陶工坊三者共同建構連貫的藝術體驗氛圍。此外，茶坊也積極轉型，吸引國際觀光客列入目標客群。店內個個身著古典咖啡長袍的服務生，雖然看似青澀，事實上都講著一口流暢的英文與日文，對於國際觀光客的接待或是導覽都相當得心應手。九份茶坊不因為失去美麗的天然景觀而流失客人，反倒是開發了國際客層。

在九份茶坊的第六年，洪志勝開設了以供應西式餐點為主的「天空之城」。這家擁有九份最美海景的臨海建築，當初受到赫伯颱風的嚴重襲擊，屋頂都被吹飛了；也因為這緣故，洪志勝將原先當成住家的建築物全部打掉，要求建築師打造深達十八米的地基，花費可蓋兩棟房子的成本建造天空之城。洪志勝笑說：「如果美麗的 view 再被擋，他就要跳海了！」這棟擁有極佳地理環境的建築物曾是統一超商、星巴克積極爭取合作的店面，但洪志勝開價三千萬，堅持只賣不租，因為這棟房子是他投入相當多的時間與心血的成果。如今，它是洪志勝藝術版圖中，藝術家與收藏家交流平台的重要之地。

人生處處是機會，有多少能力做多少事

整體而言，九份茶坊的轉型是相當成功；洪志勝說，一路走來，許多事情並非如當初所預料，而且也不是出自於刻意，有些事情不到最後一刻是不知道結果的。洪志勝覺得自己是很幸運的，他常告訴別人，機會是自己找，功夫是自己練的，機會隨時隨地都在自己身旁，就看有沒有那個眼光發現、有沒有功夫去運用。基本功和觀察力是非常重要的，有眼光也要有能力，因為一塊金磚放在你面前若是沒有能力也無法搬走。

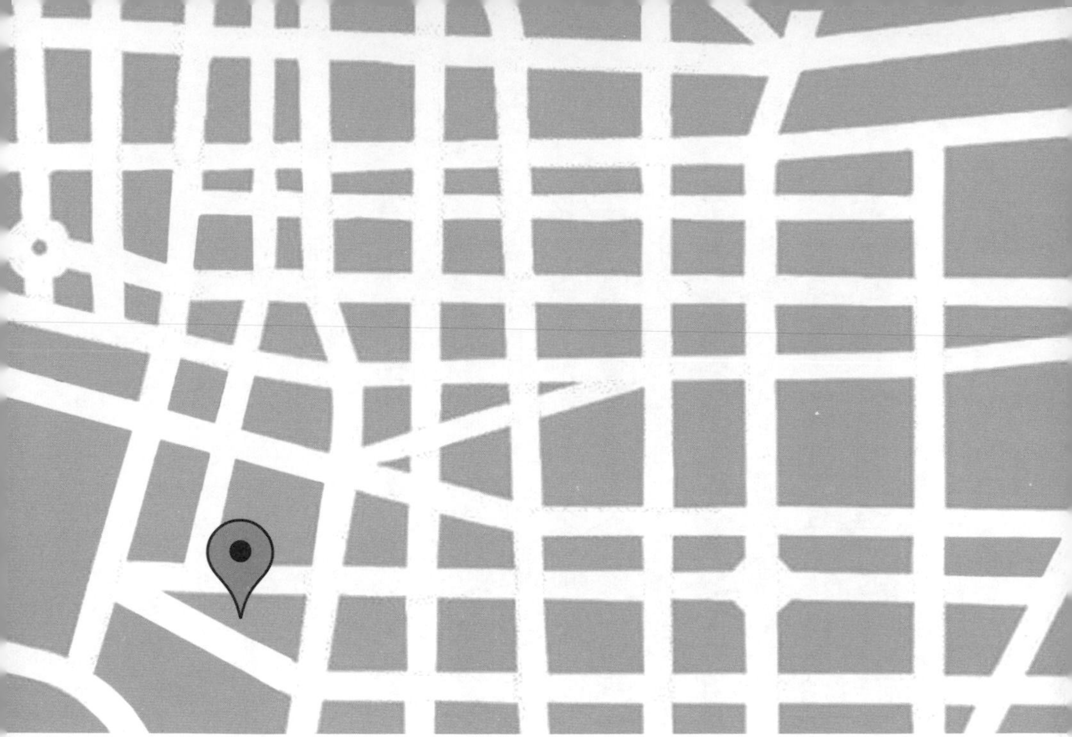

新生活美學，創造「東方人文」品牌

——The One

窗外樹影搖曳的中山北路，躺在深色絨布的沙發上；在拉菲爾的波利露輪轉的蹬躂樂曲中，啜飲著水墨花紋的剔透設計杯水，聽著一身隨意便服的創辦人劉邦初先生講述這個 The One 空間。以定義「新生活美學」為理念，要做 The One，成為異數，不再是代工、複製、模仿，而是自主的定義美學，並以此為宣言，創造了 The One 這個結合設計人文與餐飲的空間。

電子業的啟發：要有影響力！做品牌非代工

圓圓的眼鏡和福泰的身材，笑起來大剌剌的十分親近，眼神和神態中卻透露出劉邦初的犀利與堅定自信。身為設計充滿人文藝術氣息產品 The One 的創辦人，劉邦初並非設計或藝術背景出身，創辦 The One 之前，他在全球最大電源供應器製造商：台達電，工作了八年，離職時的頭銜是台達電子文教基金會副執行長。

社會系畢業的劉邦初，大學畢業後就進入台達電，從基層人力資源專員做起，一路晉升到董事長鄭崇華身邊。鄭崇華董事長對劉邦初的影響極大，共事期間，劉邦初提出的很多點子，都給予大力支持，並提供建議和方向，在董事長的身邊也更能夠接觸到國際一流人才。

在台達電子文教基金會工作，啟發劉邦初許多潛能，他發現儘管自己對科技業產品做得相當不錯，也一直得到賞識。當時在基金會參與了很多活動，當他代表基金會去談一些事情時發現，自己比較有興趣軟體、藝術文化或軟體內容物。所以後來就決定，趁還有精力的時候，想要完成一些事，就引發了做 The One 的想法。

劉邦初說：「老闆跟台達電給我的教育，讓我覺得最大的價值，就是人的存在或企業的存在，要有影響力。」而台達電子文教基金會就是在做有影響力的事，在基金會任何的企畫與贊助，都一定要有影響力，對社會有貢獻或幫助。例如：李國鼎資政與孫運璿先生的紀錄片，就是台達電子文教基金會製作。

在電源供應器領域，台達電雖然高居世界第一，但只是代工生產。劉邦初不滿足於現況，想要有自己創造的空間。他隱約覺得，應該找一個產業去深耕；總覺得想做一件事，會讓大家覺得生活比較美好、比較有質感。當初只是這樣一個簡單的想法而已。

從旅行中體悟：品牌應善用自身文化差異

在事業想法的背後，其實很重要的一部分，來自於劉邦初的「生活」與對於「東方、異國的文化體驗」。劉邦初笑說自己是個愛吃愛玩的人，看他的身材就知道。在工作忙碌之餘，他沒忘記要旅行。一九九六年，參與好友的「樂友旅遊俱樂部」，透過網站召集同好，自己規畫行程、設計他想要玩的方式，大家一起去玩、去聽音樂會、吃米其林等。

喜好旅行的劉邦初，走過歐陸十幾個國家，體驗多樣性的文化，對於建立「有差異」的文化，也更有想法。The One的「東方人文」品牌概念，源自於他這樣的堅持，他不喜歡那種學國外的、別人的風格，顯得很沒有自信。

劉邦初說：「品牌的價值就在於建立不同的文化，文化本身就有差異，所以應該要善用文化。我們生長在這個土地上，就要有影響力，如果有一天The One在我們所有員工的努力之下，有辦法把一些東西帶到國際上，我覺得就非常好。但我知道那會比較辛苦。」他在講這句話時，圓圓眼鏡後的眼神堅定而發亮。

他期許，有一天我們在國外會來到 The One 挑選套杯，當作送給老外朋友的生日禮物，進而跟他說這個 Made in Taiwan，這將何等榮耀。套杯的設計不只是十二星座、十二生肖，也可以從更深的東方人文去開發？我們的文化中有東方美人、十二金釵等等，也許要再努力找文獻、找市場，我們應該要努力去找自己的「異數宣言」。

討厭沒變化的生活，喜歡多樣化的學習嘗試與閱讀

除了愛玩愛吃的旅行體驗，劉邦初一直有大量且多樣化的閱讀習慣。撇除財經商業類型，他什麼類型的書都看，有興趣就一口氣看完一個主題。例如：聯合國文化遺產這樣的旅遊，吳哥窟等比較東方人文的訊息、南美的馬雅文化、西班牙加泰隆尼亞文化等，都是他閱讀的題材，也是生活經驗的累積，潛移默化到他的思想，成為創意資料庫的一部分。

小時候的他是個學習多種才藝的孩子，星期一學書法、星期二學國畫、星期三練柔道，總之天天學不同的才藝，而且是他自己主動要求的。他很感謝當老師的媽媽，他想學什麼就帶他去，而且都幫他找到非常好的老師，他記得國畫老師是賴阿松，西畫老師是張秋台。劉邦初小時候住苗栗，苗栗到頭屋騎摩托車要一個小時，爸爸不辭辛勞地載他到頭屋學國畫，就這樣持續了四年，他非常感謝爸爸和媽媽的支持與鼓勵。小時候這樣到處跑學才藝的經驗，多少影響他後來很愛趴趴走的個性。

而且，年少的劉邦初就非常積極與帶有目的性地學習，還具備時程規畫、達成目標的概念，可以說是非常好勝，對於從小就這麼努力學習才藝的動機，劉邦初自嘲說原因很膚淺：「因為覺得自己圖畫得不錯，我覺得我可以每個地方都做到 The One 吧！」他很積極主動學習，看到有興趣的事物，就會想學，又自嘲說自己很無聊，會設定一個目標，例如學多久之後要拿到苗栗縣第一名之類的。雖然現在回想起來有點膚淺，但的確培養出他的美學素養，讓他的生命很多元，喜歡去嘗試及欣賞很多不同的事物，想要去不同的地方旅行。

生命的積累，長成 The One 的文化

劉邦初說：「自己的靈感、想法，其實都是你過去生命的累積。」這些多樣嘗試與主動的學習、旅行觀察的累積，也影響到他帶員工的方式，所以他非常鼓勵鼓勵同仁出國旅行、學瑜珈、學書法等，嘗試新的事物。

他製作了美學護照，要員工主動勤快去學習，就像蓋護照一

樣，自己主動去收集，規定每年要蓋多少學習印章，去看電影也算，他很在乎員工的自發性。除了鼓勵自發性學習外，還強迫同仁接觸不同的活動，例如，他會請瑜伽老師在上班時間給同仁上課，他認為瑜伽會讓身段更柔軟。願意柔軟的人，會願意聽別人述說，願意與人分享，做起事來就會更有質感。

The One 安排國內外的員工定點旅遊，只要有飯店或機票收據，證明你真的有「出去玩」，公司都可以接受。

劉邦初也不斷強調「獨自」旅行的重要性，要有更深層的體驗。例如有一年 The One 送兩三名員工去巴黎生活了十幾天，費用全部由公司支付。他們可以去看巴黎的 Art Fair，世界一流的設計展，然後在巴黎玩五到七天，他只規定一件事：三人結伴同行，分別去蒙馬特、巴黎鐵塔、羅浮宮。每個人挑不同的時間前往，可能黃昏的時候去蒙馬特，另一人選擇清晨的時候去，另一人大概早上十一點的時候去，那時候街頭藝人幾乎個個都睡眼惺忪、背著大提琴準備去練習。三個人去的時間不一樣，回來分享給二十幾個同事聽，相當精采。後來又送四名員工去東京，花了四十萬，他覺得這是必要的投資，讓員工有機會成長。

他眉飛色舞地說：「出去走一趟回來的人，講話的內容都不一樣了，整個人會煥然一新！」多數公司也會讓員工休息或進修，但都須簽切結書要求員工回來之後至少要服務幾個月。但是在The One，劉邦初看得很開也很自信地說：「要走就走，反正很多人想進來，就算簽了又怎樣？不想做的話，給你亂做，更糟。」寧願就放手相信同仁，不在乎那些小錢，如果花錢請老師來上課、讓員工出去旅行，能讓他們的工作表現更好，就是值得的投資。

質感The One風格，期待前進國際

看過各國文化的劉邦初，也很在乎團隊的異質性，尤其喜歡跨越不同領域的人才，能夠增廣看事情的角度。例如：如果設計團隊中已經有留學日本經驗的人，就會盡量找留學歐美背景的人才。他認為接觸不同文化的人，講話、思考事情的角度就會不一樣，當不同背景的人共同定義「東方人文」的東西，討論起來才精采！

可能也和他過去在台達電從事人力資源的經驗有關，除了對挑選人才、培訓人才的獨到眼光，劉邦初也要求自己要能夠帶人，培養能獨當一面的人才團隊，而不只靠他獨撐大局。正在擴張開新分店的The One，談到最大的困難是人才自信心不足，怕自己不夠好、不能獨立擔當店長的重任。他不考慮向外挖角，堅持從訓練中拔擢，除非是自己沒能力帶他們。他會

將心比心，在台達電時他一直有這樣的機會，因此也希望他的同事也有機會，畢竟在餐飲業、服務業流動率很高，員工必須面對很多變化，又需要有質感與素養，於是希望能培養自己的人才。

劉邦初希望，藉由一步一步培養人才、逐步地擴張，慢慢有自己的通路出現，這些通路也是用 The One 的產品，打造 The One 的品牌與設計風格，目前的產品設計從發想到推出，大概需要半年，但他還希望能更久一點，因為他認為文化的東西是內蘊，愈沉愈香。設計的東西是要能預言兩年後的，而不是受制於推出的期限。並且也希望 The One 往亞洲重要都市前進，在東京、北京、上海等地開設 The One。簡單說，像 Haagen Dazs 或者是 Hard Rock。到世界各地都有 The One，讓這個新生活美學、The One 的品牌文化，大聲喊出 Made in Taiwan 的「異數宣言」。

從用品物件設計到行旅空間經營

南園，青山翠谷的大自然環境，依山傍谷皆自然生態。The One 發現南園園林空間秀美，就積極主動向聯合報系提出代為管理營運的企畫案。雙方經多次討論，二〇〇八年由異數宣言公司正式代為營運管理。

The One 不只經營生活器皿物件設計業務，還包括空間規畫設計與經營經驗，例如，二

〇〇五年宜蘭礁溪老爺大酒店公共空間規畫案。該設計團隊將宜蘭得天獨厚的自然美景與民俗特色融入設計，為礁溪老爺的大廳空間注入傳統童玩的奇趣氛圍。重新詮釋文化傳承百年的傳統童玩，賦予「主題式」飯店新樣貌。

位於新竹縣新埔鎮的南園，是一座幽雅的山中園林，融合了江南園林、傳統中國建築、閩南建築特色。當年因地制宜砌樓造園，闢池疊石、植樹修亭，一九八〇年代當時只花了一年半即建成。南園建築大多選用台灣檜木，循古法用卡榫相接而成，以雕刻的民間故事或吉祥圖案裝飾，動員了上百名工藝精湛的木工師傅還有雕刻師。為展現閩南建築的特色，大量使用閩式紅磚紅瓦、台灣檜木等在地素材，更多了些台灣特有的雅中帶喜的風味。遊南園時不可錯過各式的馬背、燕尾、懸魚、漏窗及門洞等中式建築巧思。象徵出入平安的瓶形門，以及瓜瓞綿延、如意門等，隨處可見。

二〇一五年，劉邦初邀請日本建築大師隈研吾，在南園設計了「風檐」地景裝置，就放在入口左側草地上，成為園區另一地景特色。隈研吾對風檐的設計構想源自層層相疊的九重山，再融入九降風吹拂大地意象與南園土地對話。

十七層框架結構層層相疊不斷攀升，從兩公尺一路攀升到六公尺高，搭配山勢的變化，創造如風一般流動感。由七百三十八根檜木組成的特殊結構，讓每一根檜木柱都承載著風檐，每一根檜木也都是風檐的主角。

作品中自然流動的曲線結構均透過精密計算，每一根檜木的榫槽位置、角度都不相同。為了能夠完整呈現隈研吾的設計，The One 團隊特別商請，有七十多年豐富經驗的「德豐木業」，來協助製作檜木柱，不僅順利完成這項艱難任務，所切割出的榫槽精密度達〇．〇一公分，完全符合結構上的安全，令日方結構技師十分驚豔，充分展現台灣職人精神。

這些年來台灣在工業設計、生活產業設計等水準提升不少，成效有目共睹。今後最大挑戰將是對創意城鄉地景規畫與國土改造，以營造台灣成為華人優質生生活場域的中心，這可以是接地氣的創意設計思考對台灣未來最大的牽成，也是遍布台灣各地城鄉像 The One 劉邦初、天空的院子何培鈞、食養山房林炳輝、無為草堂涂英民、九份茶坊洪志勝、山芙蓉翁美珍等巷弄創業家，對今後台灣在地營生產業發展最大的貢獻。

由一地的歷史文化脈絡、風土人文與生活型態，長時間累積演化出有形無形生活場域；只要山川城鄉街巷空間規畫好，讓身處其中的國民自然體驗與別地他方有所不同的生態、歷史、技藝、物件，那麼生活在這些街巷空間裡的民眾就可以從「過生活」、「過日子」當中，孕育出具有原創文化內涵的生活服務事業，包括訴求精緻藝文表現的音樂、舞蹈、戲劇等表演藝術事業，繪畫等視覺藝術事業，以及貼近民眾日常食衣住行生活的創意生活事業，尤其後者創意生活事業更是擁有感動民眾的巨大能量（這也是本書主旨）。

先有富含人文底蘊與風土條件的空間，孕育並帶動巷弄創業家與創意師匠的創作，加上配套的經紀／製作人員從事經營管理、行銷，相關的創意事業自然會萌生成長。從文化空間規畫開始，到文化服務發展、文化產品／物件生成的完整構想，最終透過空間、服務、產品串連，培養民眾享有質感的生活美學。

新竹新埔的南園人文行旅，掌握山川風土資本，經營城鄉優質生活，以大地料理款待客人，提供訪客結合了風土、食材、器皿、空間與細膩服務的優質創意生活甜度，南園人文行旅正是對上述論述觀點的一個城鄉實例演示。

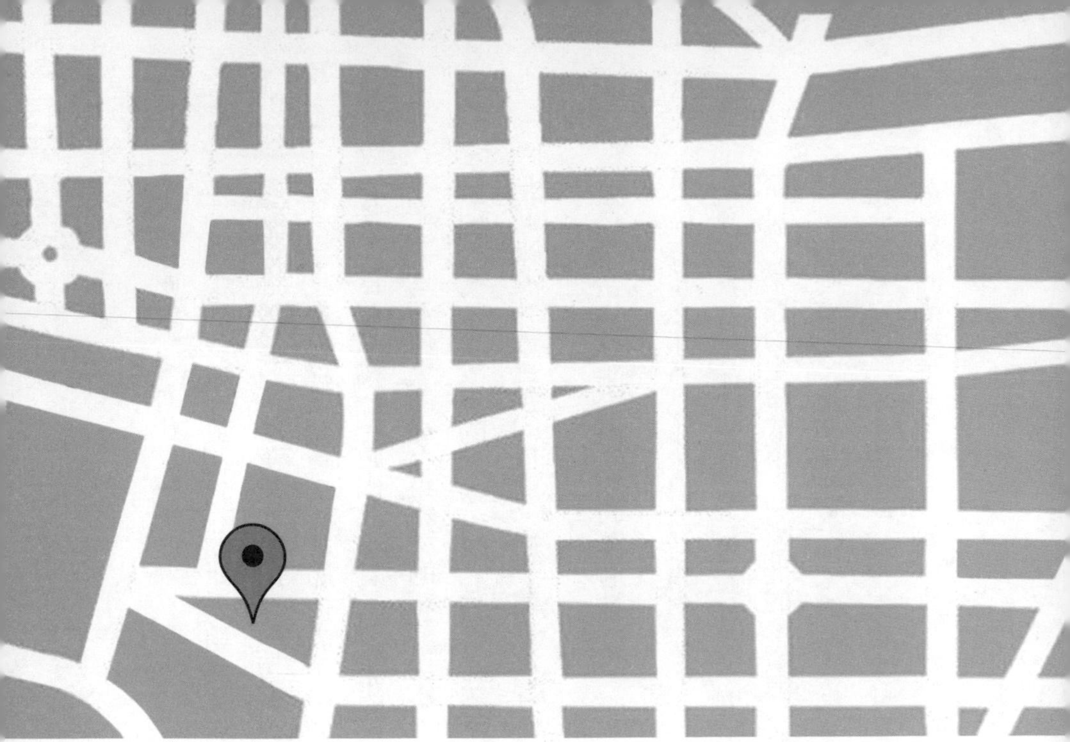

動人故事增添米飯好滋味

——掌生穀粒

「吃飯」，有什麼特別？

「掌生穀粒」最初只在網路上銷售、以精緻的包裝及品牌故事，塑造白米的獨特感與農家形象，成功打入不少中、上階層的廚房。所謂送禮自用兩相宜，掌生穀粒都做到了。

掌生穀粒糧商號負責人程昀儀表示：農民耕種粒粒皆辛苦，人們吃在嘴裡，自然要為農民們「掌聲鼓勵」，也因此孕育了「掌生穀粒」這樣饒富趣味又別具意義的品牌。

一切源於婆家從台東寄來的新鮮白米，滋味美好，齒頰生香，產生了以一趟「希望之旅」發掘台灣米農故事的念頭，無心插柳卻讓原本從事廣告文案業務的程昀儀與丈夫李建德，與這些米農有最直接的接觸。從一個小穀倉、一台小碾米機，開始了他們的賣米生涯。

全台找好米，體驗農家心情

為了蒐集各地小米農的故事與產品，程昀儀與李建德南來北往，深入產地探訪。除了找值得背書的產品，更要第一線體會農家的耕種心情，在產品上做最直接的溝通。「我們就是要找出米農的生命故事，用不低的米價與一群有能力負擔的人溝通。」

程昀儀說，這些米農對稻米的品質均有一定的堅持與專業，他們要的不是憐憫而是「尊重」。還有，「掌生穀粒」接下與資本社會溝通橋梁與產品行銷的部分，讓米農專注於自己最在行的事務上。

細數這些從各地蒐羅而來的稻米故事，程昀儀每每講到眼角泛著淚光。而這份從米農們身上學習到的堅毅，也讓掌生穀粒不再只是一次創業的嘗試，更進一步成為一個與消費者溝通的頻道，將自身對白米的感動，透過「掌生穀粒」這個品牌，傳達給更多人。

在掌生穀粒販售的白米，每一個種類都有自己獨特的包裝、名稱，搭配令人莞爾的文案故事，與它們背後獨一無二的農家故事。「姨丈米」是台東 Mali 阿姨和 Kanas 姨丈種的，量少質優，一年一耕，採取沒有農藥的自然工法；「不愁米」，米質甜美，是阿美族 Samaha 引用祖先的獨立水源灌溉，與啄食的鳥兒奮鬥的成果。

掌生穀粒的產品，從裡到外都看得到設計者的用心。放棄一般工業塑化材料，採用最簡單質樸的牛皮紙手感包裝，落實品牌「環保、自然」的概念；紙紮的繩結傳達對舊日時光的懷念；小包裝的容量則是希望食用者開封即食，隨時享用最新鮮美味的米。

「希望串起產地與消費者間的橋梁。」程昀儀指出，過去從來沒有一種米被創造成感動的品牌，凸顯每位幕後耕種者的辛勤故事，這也是不同文案字句背後所要傳達的意念。

堅持手工包裝，專攻小眾

「我們是用情感的添加物來增加人們對米飯的口感。」讓人與人之間的情感溝通超越沒

粹
粹
CUI
粹-純米晶露。

求真米

掌生
穀粒

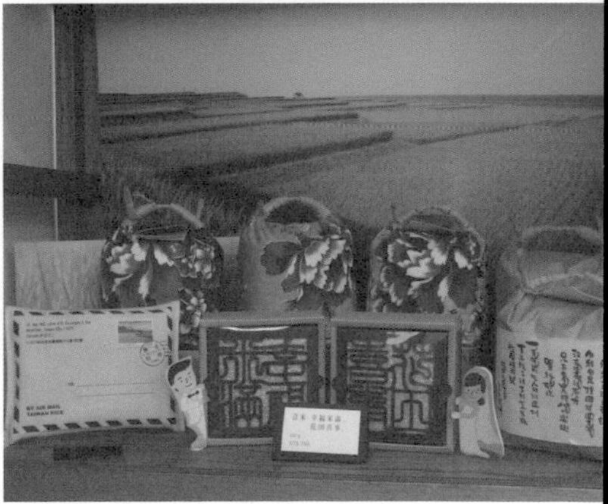

有生命的認證標章，成為對食物「信賴」的來源。「如果可以溝通一個人、信賴一個人，就是美好的事情。」程昀儀這麼說。

就像米農對白米的孕育有眾多堅持一樣，程昀儀在品牌的塑造上也充滿堅持，所有商品都是在確認訂購之後，才與產地聯繫。小量碾製即時運送到台北分裝、銷售。限量、小眾、新鮮成了掌聲穀粒的商品特色，更彰顯作物的珍貴與獨特。

手工包裝讓大量生產成為不可能，網路販售似乎是手工包裝唯一能選擇的銷售管道，卻也讓商品精準命中鎖定族群。除了成功創造產品的珍貴、稀有性，網路使用族群年輕、資訊開放等特質，也符合掌生穀粒鎖定的銷售族群。此外，網路更賦予其他通路無可取代的品牌溝通能力。

透過網站仔細的品牌介紹、商品目錄與感性的攝影紀錄，掌生穀粒創造了獨特的品牌氛圍。程昀儀說：「土地要翻耕，人的心靈也需要，我們要把最美好的事情組合起來，透過文字及影像進行溝通。」

另外，為了深刻記錄每一次下鄉「尋米」的田野足跡，程昀儀特別另闢部落格寫下這沿途有趣的過程。

對程昀儀來說，掌生穀粒是她回饋這塊土地的棉薄之力。她期許更多人透過口中每日咀嚼的白米飯，一起來為台灣的美好事物，掌聲鼓勵。

PART 3

巷弄創意事業的發生學

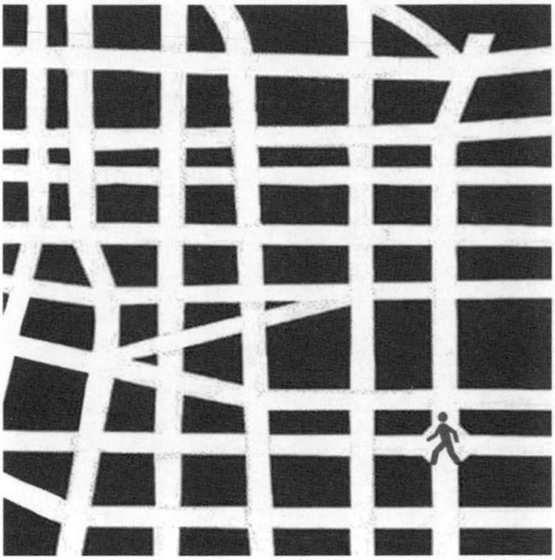

城鄉即創意生活園

在人生中做選擇時，別忘了好好過小日子。

——塞繆爾・詹森（Samuel Johnson，1709-1784，英國知名文人）

巷弄創業家與創意工作者，理想的生活街區是什麼形象？創意事業發展，需要何種空間條件？

巷弄創意生活事業的經營

巷弄創意事業的存在，一方面蘊含了人民世代生活的記憶，它的發展不只促進了常民生活的甜度與幸福感，更是地方經濟隱形競爭力的終極來源。

一個城鄉的巷弄創意事業，以山川街廓做舞台，以在地人文歷史為背景，更以創意工藝與古蹟為道具，在居民與遊客的眼前展演這個城市特別的氣場，提供了該城鄉獨有的氣味、視覺、觸覺、聽覺與味覺等五種感官知覺氛圍與生活甜度。

巷弄創意事業發達的地區，也必定工藝達人數目較為豐足。優質的布拉格城市美學風格與捷克人民的優質工藝涵養有正向相關；京都相對量豐質優的工藝達人（例如，知名的信三郎一澤布包、八木開化堂、辻徹金網つじ、松林朝日燒、小菅公長齋等），也與京都細緻優雅的城市美學，生活美學風格有互動關聯。

而工藝水準精良的國家，人民不只用腦思考能力強，用手思考的巧手技藝水平也必定高超。像德國就是丹麥樂高海外最大最重要的市場，德國親子教育向來看重動手做的智慧——這是一個國家競爭力非常關鍵的核心，也是一般人不易察覺的隱形競爭力的來源。

巷弄創意事業的經營，特重客戶深度體驗的設計。卓越的創意事業鋪排體驗，不僅是要娛悅客戶，更要使他們參與其中。

生活體驗是創意的源頭

城鄉巷弄間，豐饒的生活體驗環境，不只涵養住民的審美鑑賞力，也孕育了巷弄創業家的設計思考與美學創造力。

巷弄創業家與與一般產業工作者不同，他們對生活與工作的平衡極為在意，對生活方式的核心要求是「渴求生活經驗」，要充分體驗生活——充滿強烈、高品質而多元經驗的生活。

諾貝爾獎得主、美國經濟學家福格（Rebert Fogel）曾說：「現今，一般人用自由時間去買一世紀前富人才能享有的優雅舒適生活……這些活動的成本不是以金錢來換算，而是時間。」

由於生活體驗本身已變成富裕時代稀少而珍貴的商品，許多巷弄創業家是以他們享受到的生活經驗來「想定」值得期待的生活品質，他們渴望能讓心靈真正悸動的生活體驗。

羅哲斯（Carl Rogers，二十世紀美國心理學家，人本主義的創始者之一）早就呼籲「創意」與「經驗」之間的關係：「當人們『敞開心胸』歡迎各種經驗時……他的行為就會有創意……我相信，這種知覺的開放對建設性的創意是很重要的。」

知覺的開放提升競爭力

如果一個社會，讓職場上的工作吸納掉成員全部的生命元氣，我們就很難再有能量「打開」知覺的窗口。而五感官能知覺的開啟，是有助於常民提升創造力的。

很可惜台灣過去多偏重「智」育，崇尚「用腦思考」。至於視覺、嗅覺、味覺、聽覺和觸覺五種官能敏感度與「用手思考」、「用耳思考」、「用鼻思考」、「用眼思考」、「用味蕾思考」以至於「用全身心靈思考」，我們一直是很鈍化還未受到開啟的，對於「身體的思慧」我們真的是低度開發，談不上「官能達人」的境界。也許這其中屬於口腔期的「用味蕾思考」，是唯一的例外。

巷弄創業家對城鄉生活空間質地的理解，不只是「用腦理解」（抽象地解悟），更是「用手理解」、「用眼理解」以至於「用全身心靈理解」（具體地解悟）。動員全身心靈的視覺、嗅覺、味覺、聽覺和嗅覺五種官能，敏銳地覺知上下四方與古往今來的宇宙洪荒，「因為感動，就會記憶」。

巷弄創業家的創意事業是典型的「體驗經濟」。為了提供顧客深刻而感動的體驗，創造體驗的演出素材則是：

以山川城鄉為舞台；

以在地歷史人文為布景；

以原鄉時尚的創意工藝為道具。

這三大素材合成「地方風土／空間條件」，巷弄創業家們在這樣的風土空間中養成；他們也以這三大素材的有機揉合，在顧客身前上演一場馥郁芬芳，沁人心眸的動人生活戲劇。

巷弄創業家的設計思考與美學創意就像所有的創意，追根究柢，其終極孕育之地就是豐饒的生活土壤。肥沃的生活土壤栽種出豐饒多采多姿的創意花朵；地力貧瘠的生活土壤，用盡吃奶力氣硬「ㄍㄧㄥ」出的創意設計，將很難在消費顧客的生活場域中引發感動。

放眼世界各地，創意設計的「意象傳達」廣受全球消費者認知，並能產生「美學體驗」的地區，還沒聽說有任何地方，當地居民（當然包括在地產業從業人員，也包括當地巷弄創業家）是過著貧瘠乾枯的生活風格。

台灣社會的人民，持平來說，多數過的是一種「快工速活」的急速步調，乾枯的生活風格。雖然我們也有「慢工出細活」的古諺，可是這句古諺所代表的生活風格／工作風格，對多數台灣民眾，恐怕是身踩泥地，眼望雲端，心雖嚮往，身恐未能及也。

也就是說，當前台灣火紅時尚的打造「在地創意經濟」論述，如果台灣不先有一個比較成熟的「地方風土／空間條件」形成，台灣「在地創意經濟」的打造，恐怕會成為建造在沙地上的夢幻天鵝堡，隨時會倒塌。

城鄉街區是活態美術館

有靈秀之氣的創意城鄉街區，
真的就是一座活態的美術館。

如果我們說城鄉的街區就是活態的美術館，對只習慣於台灣視界的朋友們，不見得容易理解這句話的真正涵意。

早些年到過麗江古城的朋友，或是一直以來曾經在歐洲巴黎、布拉格、琉森或更多中世紀傳下來的古城流連的朋友，當大家在任何一轉身、一凝眸，都可以為眼前如畫的街景所震懾、感動時，就可以理解為什麼說，有靈秀之氣的創意城鄉街區，真的就是一個活態的美術館。

這些活態的美術館，常常也提供別具眼光的電影導演，用開麥拉說故事的絕佳場景。日本近年來公認最優秀的詩意

抒情導演行定勳（「春雪」）拍《塵封日記本》（*Closed Note*），伊勢谷友介以腳踏車載著女主角，風馳電掣從出町柳站旁高野川、賀茂川匯流處三角洲上的河合橋、出町橋上飛衝而過，馳向加茂街道。馬上讓看電影的人回味起每年五月賀茂川邊微風徐徐，枝葉新綠的春夏之交，葵祭時節王朝繪卷的華麗遊行畫面。

東山西麓知恩院下，白川上架的小小「行者橋」，是比叡山延曆寺僧人下山雲腳，由知恩院回山必經小橋。白川兩岸遍植柳樹，柳枝迎風款擺。白川岸濱，社區還建造了一座座木質小平台和座椅。有一年和學生走累了就坐在平台階梯與木椅上小憩，吃吃和歌山來的小椪柑，喝喝隨身保溫瓶中的普洱茶。春陽溫煦如酒，一時興起「鼻香茶熟後，腰暖日陽中」的感慨。養足了力氣，再走向前方的古川町商店街。

清澈的白川、新綠款擺的柳條、木板小平台，和穿著高跟鞋走過行者橋的年輕京女，很自然就是一幅賞心悅目的儷人行春圖。

行定勳在《塵封日記本》中兩度讓伊勢谷友介和竹內結子、澤尻エリカ蹲在行者橋上望著橋下潺潺流過的白川川水談心，這些畫面跟秀美的京都影像疊景，物景交融，讓人難忘。

熟門熟路夏天到京都的朋友，總會找機會到寺町通的村上開新堂老鋪買幾個「好事福蘆」（在挖空果肉的橘子內倒入現榨的果汁和食用膠冷凝而成，外觀彷如真橘），帶到往北幾步路「一保堂茶鋪」附設的「嘉木堂」茶寮內喝茶，就將此當作適配的茶食。

《塵封日記本》內澤尻上班的鋼筆店，其實外觀用的景就是這家村上開新堂。寺町通的文氣街景非常適合這家鋼筆店的設店氛圍。

哈佛大學消費者行為學查曼特（Gerald Zaltman）教授在心理學及語言學的研究中發現，七〇%到九〇%的人際溝通都是透過視覺情報。在生活美學與城市生活的建設中，街區空間／色彩的布局，會是給市民或遊客印象最深刻的源頭。如果一個城市有一流的美術館，館外卻是不入流的街區場景，那是很可惜的。

城鄉街區的活態美術館，不只涵養巷弄創業師匠的美學創造才具，也培育了國民的常民生活美學鑑賞力。

有「食養」，也有「視養」的國民生活美學

台灣生活美學的優勢在「吃的魅力」、「人的友善」，但一大劣勢是「空間／視覺魅力」不佳。歸根究柢，這與國民視覺美學教育，大有關聯。

目前，公共電視全民收費的國家有日本的NHK、韓國的KBS、英國的BBC。全民家戶收費的政策思考，是認為公共電視等同自來水、電力等公用事業；不過供輸的是事關國民精神生活、文化生活水平甚深的媒介內容。應該允許有充分資源，以製作豐沛質高電視節目內容，深入全體國民家庭的電視中播放。還有什麼管道、什麼方式，效果能優於這國民文化教育通路？

KBS曾製作《大長今》，NHK及BBC對該國國民做了很深入的生活美學教育。例如很多人可以從BS Japan及NHK電視節目，體會日本花多少心力製作國土旅遊、各地山川城鄉、工藝美食、溫泉旅宿等節目。甚至連鐵道交通的站距時差，都有清楚呈現。

其中一個節目的卷頭語：

日本人的記憶
一瞬之夢
千年之美
故鄉

很能展現這類節目的企畫高度。

日本的國民旅遊節目內容通常都設計由知名的藝人（男女老少均有，一般兩人一組）帶路，親身探訪各地的賞櫻、楓狩絕景，順道將宿泊的溫泉、旅館與美食，細細推介一番。他們甚至每年對國土春秋盛景的介紹，也總是不厭其煩地「再製」播出（不是老片重播）。

日本國民平日居家過日子，就能在家中接收NHK等國土美育薰陶，因此普遍對於大自然的美感，都能具備一種崇敬與讚嘆的文化性格，並進而在人文居家生活美學的家常器具、工藝家飾、室內設計，以致建築空間、庭園經營，甚至城鄉道路、地景風光都能營造出優質空間美感。這是讓台灣人遊客每當身處日本，常常之所以能夠感受到日本山川人文如此精緻、如此秀麗的關鍵原因。

每一次到京都，不用說高台寺下石塀小路旁的高級民宅，即使到非常鄉下的大原地區，農夫們自己蓋的居住的「農舍」，他們的屋內裝設也是俐落分明，甚至房宅庭院的規畫與周邊綠化設計，也仍然同樣有其一定優質水平的講究。

台灣生活美學的優勢在「吃的魅力」、「人的友善」，這大體大家都了解；但一大劣勢是「空間／視覺魅力」不佳。日本人所稱文化觀光三要素中，台灣獨擅美食小吃；風光遊賞，無論大自然、人文兩面表現，還有很大的成長空間。

歸根究柢，這與國民視覺美學教育，大有關聯。像 NHK、BS Japan 這樣有質感的公共電視，傳送的就是國民生活美學教養方案。

而巷弄創業家們則直接在生活街區現場經營可被傳送的創意生活亮點，其巷弄創意事業也直接涵養了顧客的鑑賞力。當國民平常在城鄉巷弄過小日子時，他們就用口袋中的購買力於巷弄創意事業裡消費，以其間採購有質感的服飾、住家、餐食、空間、路樹等設計，定義國民美學鑑賞力。

水岸街區設計與美學判斷力養成

不要小看這些生活街區設計的細節，
如果孩童從小就能體驗家鄉土地的恩惠，盡情汲取自家風土的甜度，
自然能能從生活街區中呑天之氣，吸地之力。
這是國民美學創造力與鑑賞力的涵養之道。

挖苦的人說華人的感官發展是否從弗洛依德所謂的「肛門期」到「口腔期」，然後就停止再往上發展了？

所以，我們會有世界級讓人嘴饞的各色美食、小吃，也會有小七便利超商橘綠紅三色交錯的店招，高高掛在大稻埕一九二〇年代占蹟屈臣氏巴洛克樓面下，讓人頗生時空穿越劇擺錯舞台裝置的荒謬感。

當然還有九份基山路老街街口的小七店招，很像北京故宮前些年高掛綠色星巴克店招，也都極具「存在感」?!

我們可以想像凡爾賽宮裡掛起綠色星巴克店招？還是可以想像聖彼得堡沙皇冬宮裡，開了一家橘綠紅小七便利商店？

台北說是二〇一六要成為世界設計之都，但無論台北或全國各地，我們對於「生活空間」的設計思考，亟待努力的地方顯然還很多。

像苗栗南庄的灌溉水車、台東池上的金城武茄苳樹，都是原本在地居民生活、生計攸關的「原風景」。屢受全島關注的池上稻田邊茄苳樹，是農民耕作生活中小憩處，不是為觀光目的而存在。

而如果要規畫成地方文化觀光景點也無不可，但公部門須挑起責任有更宏觀的規畫視野。例如，可依文化資產保護法指定該景點為「文化景觀」，在文化觀光價值與在地風土景觀保存上提供政策性誘因，將這區域規畫為重點景觀保護區，以茄苳樹為核心重新規畫農路，並向農民租地，局部改道騰出一個完整空間，讓金城武樹不再只是路邊被擠壓的孤立樹。

如果你在日本京都做「城市小旅行」，高野川／賀茂川滙流處三角洲附近的「飛踏石」設計，可以看見他們對於城鄉水岸空間的設計思考。城市居民是很需要森林之肺與親水性的休閒之地，可能我們的祖先原人古早時都是從林邊川畔走出來的吧！

桓武天皇在西元七九四年遷都平安京時，據說陰陽師相中的風水條件是京都這裡四周有青龍、白虎、朱雀、玄武四神相應。其中東青龍正是現今的鴨川流域。

鴨川在御所背靠的今出川通賀茂大橋附近，由流自北方的高野川與賀茂川兩川匯流而成。上賀茂神社、下鴨神社與糺之森都位處兩川交匯的這片神奇三角洲上。

三角洲的尖部正好被框在賀茂川上的出町橋、高野川上的河合橋與出町柳驛、賀茂大橋的四方形中。這幾座橋在行定勳導演的《塵封日記本》電影中幾度出現，伊勢谷友介用自行車載著澤尻英龍華凌風渡橋而過。出町柳附近與橋下三角洲河岸本是京都人晨昏散步運動，吞吐天地精氣的「福地」。

九月中旬，京都的初秋時節仍有秋老虎的餘威，黃昏時站立出雲路橋上，西眺嵐山高雄一帶的夕燒煙雲，沿高野川床吹過來的風帶來暑中清涼。有穿黑色緊身衣褲當地女子沿川畔來回慢跑，有白髮老伴夫妻攜手河岸散步，也有金髮洋女成群騎自行車巧笑倩兮而過，中年夫妻牽黑狗散步時，忽有越野鐵馬飛跳石階上來，錯身而過。就連白鷺也飛落河床中自在棲息——好一幅人間福地的行樂圖。

京都這三角洲上有上賀茂神社、下鴨神社，以及大片的原生林「糺之森」。當初城市規畫者，在這些古蹟文化資產附近的三角洲尖部前川水上，設置「飛踏石」跨鴨川河中過，有千鳥、河龜等造型。

對面高野川畔堤岸石階段依偎著一對年輕情侶欣賞夕陽。飛踏石上幾組家長正帶著國小年齡的學童與網具，在撈集自然生態課程要求的河川魚介生物標本作業。

幼年男女學童，仿如羚羊般在「飛踏石」間飛奔跳躍，一邊全神貫注川水中的生物標本。從嵐山方向照過來的夕陽金光，反射到清澈川水中，水紋粼粼，映照在學童血色鮮紅雙頰上，整體畫面真是生氣盎然，讓人心曠神怡，不由得多呼吸幾口川畔清冽空氣。

恰巧一位京都大學建築研究所研究生前川道郎在川畔找人進行問卷調查。問到我從哪來，為什麼喜歡這裡？來這「飛踏石」川畔附近做何消遣？我開玩笑跟他說，是來這萬年春的平安福地，「吞天之氣，吸地之力，吐納河川的精氣神……」

京都這城市是個充滿「存在感」的地方，你特別容易了悟 Being 並不需要 Having 的道理。

詩萬首，酒千觴；幾曾著眼看侯王。
玉樓金闕慵歸去，且插梅花醉洛陽！

天色暗了，正好上堤岸賀茂大橋西詰的 AL SOLE 吃晚餐去。

回到台灣本地，如果未來各地公部門對在地空間經營，都能有類似京都飛踏石般的設計思考，那我們的國民生活美學感官發展，是不是就比較能從「口腔階段」進化到「視覺階段」了。

不要小看這些生活街區設計的細節，如果小國民從小就能體驗家鄉土地的恩惠，盡情汲取自家風土的甜度；讓城鄉孩童從小皆能自生活街區吞天之氣，吸地之力。這是國民美學創造力與鑑賞力終極的涵養之道——涵養更多師匠與創意人靠街區，因為巷弄創業家的美學創造力要在這裡養成；涵養更多顧客與鑑賞人也要靠街區，因為國民對生活產業鑑賞力也要在這裡養成。

創意事業開在生活巷弄間

空間，其實是一種能量。
身在台灣的我們很多人不太理解。

京都西陣附近的上七軒，是京都藝妓發源地之一，從桃山時代就開始。天正十五年（一五八七）十月一日，千利休在豐臣秀吉九州征伐凱旋後，幫他辦的「北野大茶會」，與上七軒也有淵源。

以錦鍛絲織聞名遐邇的西陣就在上七軒附近，事實上，上七軒街上各家茶屋的大恩客，很多都是西陣吳服絲織布會社的大老闆。

京都五花街中除上七軒外，其他祇園甲部、先斗町、宮川町、祇園東等四區地理區位上都很靠近。而花街的料理亭也大體上密集分布在同一個特定區域。京都的花街舞妓與藝妓受邀到任何一區的茶屋或料亭都以平常的收費方式，從置屋出發到宴席結束回到置屋的時間為「花代」計算基準（也就是宴席時間加上舞妓與藝妓移動時間的總和），不另外加成收費。

上七軒是內行人相當喜歡的日本創意生活街道，台灣比較少有人會去，觀光客也相對少。不過在上七軒閒逛，偶爾會在路上與藝妓相遇，也時常有地方上舉辦的藝妓活動。曾有學生在京都住町屋民宿「西陣叶屋」時，就曾經參加過上七軒于蘭盆舞。在黃昏時刻，茶屋、置屋、町家與各類店家門口，一盞盞亮起的燈籠更為這裡增添溫馨氣氛。

我常去上七軒，二月天滿宮賞梅時，當然也會順道繞去散步。以夏柑糖名物著名的京果子老鋪「老松」本店就在上七軒，只不過在台灣遊客間較知名的，反倒是它位在天龍寺山門口的嵐山店。

夏天去上七軒歌舞練場喝啤酒，有多位藝妓、舞妓殷勤服務，也是夏天京都「風物詩」一景。街道邊上有極好吃燉牛肉鍋飯洋式餐廳萬春，秋冬天去北野時必定前往報到。

以前京都不太敢將電線地下化，因為隨便挖一下都會碰到考古寶物。二〇一三年三月初，上七軒從北野天滿宮東門到今出川通交叉口，全長三百一十公尺，總工程費二億八千萬日圓的「無電線桿計畫」終於完成。

走在電線電下化，電線桿完全消失的上七軒街道，視野與心情都更為和寂清靜。有年參加平野神社櫻花祭，順道拐到天神堂吃兩個燒烤紅豆餅，沿上七軒散步到萬春左近的弓月（Yuzuki），為家人找到一個京都手工製作的赭紅西陣織錦小錢包。

弓月創立於平成十七年（二〇〇五），在京都當然屬幼小級品牌，現在建仁寺前花見小路巷弄內開有祇園店，另有第二品牌 DENIMMOSU 店在今出川通千本西入。

弓月背後其實是西陣織屋秦流舍株式會社的時尚設計先導店 (antenna shop)，擅長各種微妙和風新色開發創意。像二〇一〇年就發表了灰櫻、八重櫻、紅櫻三色櫻色，配合京都熟練袋物師原創設計與精湛手工，又開在上七軒這樣的氣質街道，所展售的和服與和裝小物，風靡了上七軒的藝妓與舞妓這群時尚意見領袖。

生活的戲劇——巷弄街道皆舞台

創意師匠與有鑑賞力的客人，他們會在哪裡交會？

城鄉街區故事力加持巷弄創意事業

京都的 Kano Café 在五條大橋西北端，過了高瀨川緊鄰扇塚公園旁。旅遊京都時經常拜訪的增井家就在大橋東北方的大黑町，所以早餐常到 Kano 享用。

台灣城鄉巷弄的空間治理，除了台北富錦街、永康街、青田街，台中范特喜綠光計畫，台南北勢街等少數例外，一般水平並不理想。每次在 Kano 附近走動，都深深感觸京都在城市空間治理的設計思考極為細膩用心。

Kano 鄰近的五條大橋，熟悉平家物語的朋友，都知道牛若丸（源義經）與武藏坊弁慶在橋上初邂逅比武，打出主僕生死情分的故事。京都市政府在橋邊公園、橋頭都擺上牛若丸大戰弁慶 Q 版石雕塑像，讓這地區的歷史人文景深歷歷浮現。市民、遊客行旅附近，時時會萌發歷史幽情，無形中萌生歷史感與空間存在感。

Kano門前公園設置一座扇形石雕，旁邊立牌「扇塚」也有故事：

織田信長在世最喜愛唱能劇《敦盛》中〈幸若舞〉的謠曲，黑澤明《影武者》電影中信長也唱了一段。相傳信長在「本能寺之變」臨終時，曾經吟誦該曲中的一節：

人間五十年，大千世界一瞬間，
看世事，浮生夢幻似水，
任人生一度，彷佛間，幻境一場，
生者無常，終須盡，入滅隨即當前。

這齣能劇描繪美公子平敦盛（平清盛姪子）在十六歲時參與源平「一之谷會戰」，被源氏武將熊谷直實殺害。熊谷後來也因此在法然上人門下出家。（法名蓮生，京都西山淨土宗總本山「光明寺」的前

身「念佛三昧院」，就是他所興建。）

與平敦盛已許婚的玉琴姬，後來在五條大橋附近的新善光寺（民間通稱御影堂，建於一二八四年）出家，人稱蓮華院尼。

五條河原這裡，平安時代初期就是是日本扇的起源地，而五條大橋附近御影堂在當時正是製扇的要地，以「御影堂扇」知名，寺中僧人很多是扇工高手，蓮華院尼也是其一。

為紀念御影堂扇史跡，一九六〇年三月十五日京都市民在大橋西北建置扇形碑御影石及公園，二〇一〇年九月二十五日還在此舉行「扇塚」建立五十週年祝賀慶典，以紀念日本扇的發源地。

橋邊小小一家café，周遭就這麼多時空「穿越」歷史人物故事，而市府與市民也用心將此設計表達出來。以山川城鄉為舞台，人文歷史為布景，英雄才女人物栩栩如在眼前——這是城市空間治理，極具深度設計思考的呈現。

回到現時、現地、當下Kano的空間經營。室外臨高瀨川，有石階可下川邊小步道直通四條，對岸有扇塚公園西側木屋町通臨水一樱花傘華蓋跨川延臨窗前。門口一對水缸浮萍上飄滿落樱繽紛。外牆以磚石砌成，很多的玻璃窗面迎向東山朝陽。室內開闊擺滿蘭花，清晨在此早餐做為一天元氣行程起點，再帶勁不過了。

Kano是一家複合型服務商店，由兩人合作經營。一位主持café主體，另一位則在進門玄關及通道經營精緻糕點與創意生活雜貨。小小店鋪，卻鑲嵌在高瀨川、鴨川、樱樹的水色、綠蔭間，又有牛若丸、弁慶、敦盛、玉琴姬、扇塚等英雄美人情事，城鄉中豐盈的故事力、空間力加持，讓Kano這樣的巷弄創意生活事業，在水色綠意中額外添增了產品與服務的價值。

市井空間皆創意

街道巷弄，看似天地無言，
可是卻足以潛移默化，涵養住民的生活美學鑑賞力。

九月在京都有一天晚上，打定主意要到今出川通賀茂大橋西端的 Bon Bon Café 吃晚餐。這家餐廳也在京都大學時計台紀念館內經營ラ・トウール法國餐廳的同一個集團，運用賀茂大橋邊一處銀行舊址，經營的一家兩層樓平易近人的法式家庭料理店。

靠賀茂川落地玻璃窗通常打開，如能搶到臨川座位，向外看綠川藍天下天色漸昏黃，邊欣賞秀麗景色邊用餐，倒是滿賞心樂事的。

到了橋頭東張西望，怎麼 Bon Bon 招牌不見了。平時這裡距御所後面的同志社大學也近，是學生們常來廝混的地方。景氣再低迷，生意也不會差呀。仔細看，原來換了店名 AL SOLE，也改成 Italian Bar，侍者說是上週剛改，經營者仍是原餐飲集團。

辰光還早，跟家人且往出町通方向逛逛。沿途有橫跨賀茂川的出町橋，西側橋頭立有一

石碑，題刻「鯖街道口」。京都不靠海，自古從日本海捕獲鹽醃的鯖魚，由人工自北方挑運經由「鯖街道」供給都民漁鮮食材。京都這一端的端點正在出町橋西詰。

出町橋正對的出町通西側，是創業於明治三十二年（一八九九）的「出町ふたば」。它的特產是包在羽二重麻糬內的十勝紅豆沙甜餡，混配著富良野產鹹味紅豌豆，圓圓突出在薄薄麻糬表皮的大福，絕妙組合無懈可擊。對我這種「甘黨」（愛吃甜食族），自是難能抵抗的致命吸引力。每次光顧，櫃台前總是擠著一群顧客。即使只買一個品嘗，店家也一樣非常用心精緻地幫客人包裝好。

再往北走幾步，就是位於桝形通的「出町商店街」。京都幾個商店街，最有名的當然是觀光客常去的錦市場，但最有當地人生活氣味也是我最喜歡逛的，卻是西陣北緣這個出町商店街，以及東山三條與知恩院間的古川町商店街。

出町這兒的魅力靚點很多，八月十五站在賀茂大橋觀賞「五山送火」的左大文字，是絕景的觀賞點。橋下高野、賀茂兩川匯流的千鳥形、龜形飛踏石也是一絕。

從一個城市的市場，很可以看出該城市居民的生活格調與對生活的態度。錦市場太觀光化了，也許裝扮太多，看不出京都人生活的本色。像出町商店街、古川町商店街，因為真正是幾乎京都在地人才會去採買的市場，很容易看出京都人本真的生活風格。

走在桝形通仰頭看到的是鮮魚店做在招牌上特大尺寸的鯖魚模型，色彩生動，魚眼炯炯有神，說的是「我們的魚很新鮮」吧！俯身低頭下望，通路石疊中鑲嵌有小學生所繪魚族海鮮圖，童趣盎然，每一塊磁繪各不相同，表現町區小朋友的敏銳觀察，也顯現了町區大人的生活創意與從容過日子的自在姿態。

像這樣的街道巷弄，一年四季，看似天地無言，可是卻足以潛移默化，涵養住民的生活美學鑑賞力，也有利於巷弄創意生活事業的發展。

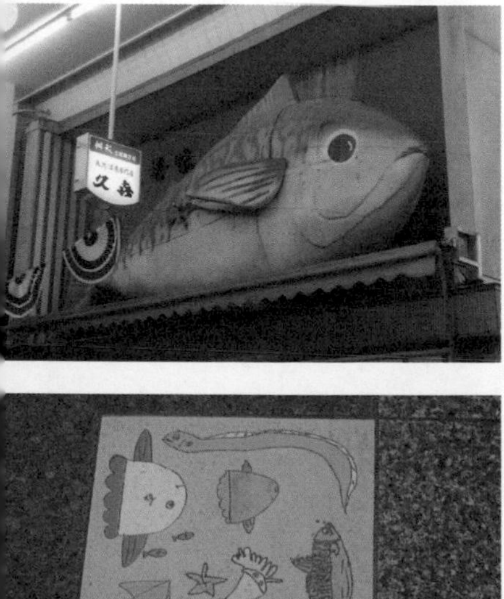

優質生活事業，需要優質巷弄風土

一個國家城鄉河川的清靜度，也許反應該國社會民心與靈魂的高潔度吧！台灣什麼時候也可以河川清澈，民眾與大自然和諧共處呢？

在日本各地城鄉旅行，一再為他們清澈見溪石，甚至魚群悠遊的河川所感動。在飛驒地區的古川町、白川鄉合掌屋一帶，甚至民居旁的小水道都養著大尾錦鯉，逍遙自在游來游去，表示水質極為乾淨。

一個國家城鄉河川的清靜度，也許反應該國社會民心與靈魂的高潔度吧！「河清天下治」的古諺深藏著洞見與世故的智慧。

九月與年輕朋友們在京都旅行，有一晚帶大家到三條小橋下高瀨川邊的Times Plaza小坐，這建物是大建築師安藤忠雄早期年輕時的作品。

日式房子拉門外與庭中院子間有一露天陽台，日文稱「緣側」。安藤此作品沿用相同概念，不過這次房窗外伸向外緣處不是種有花樹的庭院，而是高瀨川與川畔的楊柳與櫻花樹。

春天來時你坐在戶外「緣側」喝咖啡，風來櫻吹花瓣就飄落在高瀨川水面與「緣側」清水泥地板上，或者你的桌面，甚至咖啡杯裡。

祇園白川一向是京都最落拓風流的所在。日劇《甜蜜的季節》中椎名桔平帶著松島菜菜子從新橫濱搭新幹線到京都旅行，遊賞過東山南禪寺，在法觀寺五重塔下買了御守吊飾後，就是投宿在祇園白川旁的「白梅」料亭。

京都人常以在地的「水」與「女人」（所謂的「京女」）自豪，一個地方水質好與居民有好膚質，應該是有關聯吧！某年春夜曾在白川旁春子料亭旁巽橋小坐，一位穿著西服的中年紳士，左右各帶一位和服高挑綺麗京女，輕笑緩慢走過我跟前，行經辰巳大明神社走入對面新橋通高級料亭的暖簾內。

近幾年白川橋畔的「小森」茶屋，名氣日盛。連曾寫暢銷著作《敗犬的遠吠》的酒井法子，最近都在雜誌上大力推薦。「小森」原是藝妓「置屋」（住處），門邊一棵楊柳夾在置屋與白川橋中間，讓整座建築氣韻生動起來。夏天坐在「小森」二樓享用宇治金時的抹茶紅豆冰，L型的落地窗，上半是木格貼和式棉紙，下半則刻意清玻璃，柳樹的葉子在透明玻璃外隨風款擺，綠意飄進了室內空間。

白川水並不深，但清澈見底，常見水禽鷺鷥在此倘佯漫步，神態悠閒，一派自得其樂樣子。對照川旁料亭內師傅聚精會神準備食材神情，雖隔一窗，師傅的工作張力與鷺鷥的閒逸輕鬆造成有趣對比，但人禽和諧共處天地之間，共樂萬年春的王道仁者氣象卻是很動人的。

台灣什麼時候也可以河川清澈，民眾與大自然和諧共處呢？

「洗心」工房：鑲嵌在巷弄綠意間的明珠

創新需要自在；自在需要專注；專注需要熱情。
這就是優雅的京都巷弄創業家，與他們優雅的「京樣式」經營。

櫻衣和其他七位京都在地工藝家，共同在銀閣寺南邊，東山下哲學之道鹿谷疏水洗心橋畔，開設了一家「洗心」工房，是我每次到京都，幾乎一定前往參訪的地方。櫻衣本人專長在織品設計，我曾蒐藏她一條紫、黑、銀雙面三色的百褶絲綢圍巾，非常典雅貴氣。

分別專長造詣於陶、木、金、漆器、織品等不同材料工藝與版畫創作的七位工藝家，共同開設了這家氣質幽雅的小店。從白川疏水東岸間雜著風之館、小咖啡廳的櫻花道上漫步，約一半路程時，跨過疏水道上一座小橋，上了幾階石梯，一整片落地玻璃櫥窗迎面而來，就是「洗心」。

架上展示的黑色小盤漆器，盤緣一角描金縷空雕刻出一對牽牛花，華貴秀麗之氣逼人。

旁邊展示的木刻小兔，可以放在桌上當名片夾。每次到「洗心」，隨意瀏覽，總是驚喜連連，滿心歡愉。

山本櫻衣是七位工藝家之一，京都人。近鐵服飾學園針織設計科畢業，一九七八年第一次個展。之後年年在京都、高岡、東京等地展出她的織品設計創作。

第一次認識櫻衣的機緣，是幾年前春天帶研究生到「洗心」見學（學習性質的參觀）時。進了店隨意各自瀏覽，在店內最裡面角落，不經意發現了一條Miyaki式，百褶細紋純絲絲巾，一面染成黑色，另一面是紫色與銀灰錯雜，披在肩上輕盈細緻，非常喜愛。

同行學生正與坐在和式塌塌米小間上的一位女士閒聊，問到她是不是極擅長織品創意設計的山本女士，她謙虛害羞地低頭說：「是。」又極靦腆地說明她沒化妝，與我們資料上的照片對看一定不太像。

我拿著那條深紫銀灰絲巾從店角落走上前，表示我衷心的喜愛。櫻衣眼中頓時發出光芒，臉上也盪漾出明朗自信的神采，就像任何一位工藝家談到自己的得意作品時典型的表情。

優雅的「京樣式」經營

另年五月新綠時，曾再與友人到「洗心」各買了一枝京風髮簪。朋友挑了簪首金色琉璃，璀璨莊嚴。我則為家人選了銀色月光系：清質悠悠，澄輝靄靄。髮髻高挽，露出雪白頸項，兩位戴上髮簪後，雲鬢花顏金步搖，配上夏日浴衣，風情十分動人。

同年六月初夏再訪「洗心」，則是因為髮簪飾珠有些搖動，與家人趁遊賞銀閣寺之便，順道前往送修。

漫步走過洗心橋，踏上石階梯，開門而入。那天剛巧是櫻衣和做花卉版畫的有島共同看店。櫻衣先是到店後面煮了兩杯咖啡配一碟小餅乾招待我們，夾雜著簡單的日語、英語和筆談，了解來意後，他們兩人再三鞠躬致歉，趕緊電話聯繫製作髮簪的末松，協商修復時程。

櫻衣打完電話，直往店後走去，只聽聞她的木屐步履聲到屋後，漸行漸遠，有島則一直留我們聊他的版畫創作。當他知道我每年到京都四、五次，非常高興，並表示對台灣來客的「禮義正」（溫暖有禮）十分讚佩。

不到五分鐘，又聽到櫻衣的木屐聲從屋後由遠而近，開後門踏上榻榻米床。手裡捧著一個碧、銀、金三色花點和紙小盒，原來她到附近京菓子店為我們找來一個「紫陽花」（繡球花）和菓子和「白浜之螢」和菓子，襯墊在細薄棉紋紙上，秀氣可人。

櫻衣細心為我們解說，六月初夏，正是京都大覺寺、天龍寺等地紫陽花盛開的節令，也是賀茂川畔夏夜螢火蟲飛舞閃爍的時節。京都的和菓子藝匠，就是以他們對京都山川城鄉、草木蟲魚、生活舞台的慧心觀察體會，將他們對京都生活色彩的感動，製作到和菓子裡。

在「洗心」中主客四人對坐閒談。室外有鹿谷疏水潺潺細流，「苔痕上階綠，草色入簾青」；室內則有菓子與陶杯咖啡供主客佐興。更重要的，則是瀰漫「洗心」內外的「第五元素」——「人間的情意交流」，最是溫馨可貴。

近午時分，我們告別「洗心」，往「無鄰庵」與「金地院」走去。當晚回到旅社，「洗心」已將修復完好的「銀步搖」送到櫃台，還附上兩件秀麗琉璃作品當小禮物，連包裝都精緻可人。

「洗心」的櫻衣和她的夥伴們讓我了解到，對巷弄創業家來說，他們看世界的態度就是他們做事業的方法。

這就是優雅的京都巷弄創業家，與他們優雅的「京樣式」經營。

一個城市要經營創意生活的空間與場景，舞台上需要很多像「洗心」這樣，有文化底蘊與美學素養做縱深疊景的小店鋪，店內的工藝創作品，正是城鄉街巷的創意生活舞台上，經過精心布置，能傳達出質感與品味的絕妙道具。

這樣的巷弄創意生活事業，是一個城鄉要發展美學與體

驗經濟時，一個不可或缺的環節。台灣是一個製造經濟理性高度開發的地方，很多空間與場域的設計都環繞著製造理性思考（想想島上比較鄉野地區的道路，如果它不是一條「產業道路」，大概就不會被投入資源修造）。反而我們的巷弄創意生活事業，才正是初步發展階段。

台灣有帶領「兩千億」台幣營業規模的製造經濟的產業領袖，而真正有強烈自我風格的創意生活產業或美學經濟領域，夏姿也許是國內夠大的，規模剛過二十億。丹麥同樣是小國，人口不過五百三十八萬，喬治傑生銀器工藝卻銷售全世界，年營收達四十二億台幣，員工每人年產值高達四百二十萬，更不必提法國ＬＶ相當於兩個半台積電的營收規模。

這些生活產業／美學經濟的創業起源，都是像京都東山山麓下的「洗心」這樣，山本櫻衣等七位創意設計者／工藝家兼巷弄創業家。他（她）們都是充滿想像力與實踐力的永恆少年，對所衷愛的創意生活質感與工藝專注堅持，充滿不悔的熱情。透過手腦協作，身心靈結合展現獨到的技藝與文化美學特質。

像山本櫻衣等這樣的巷弄創業美學經濟從業者，因為有深刻的官能感受度與生命體驗，將美感磨練到非常敏銳的地步，因而急切地想與世界對話，是他們創業的最重要初始動機。

美學經濟與街巷創業生活事業，是高度風格化的事業，完全反映主人的個性、氣質與生命體驗。他們非常自在地、不羞不懼地、安閒地展現其洋溢著個性美的創作品。他們所經營的創新力高強的工藝物件與品味空間中，則充盈著溫暖的光影與歡愉的氛圍。對他們而言，溫暖孕育熱情，歡愉才會自在——

創新需要自在；
自在需要專注；
專注需要熱情。

熱情則帶來歡愉並引領他（她）們朝向深度官能體驗與豐饒的發現之旅。

巷弄創意事業，需要生活條件的比較利益

文化是生活的累積，也是原創設計靈感的源泉。這就是我們所說的：創意事業的文化條件。

創意事業的推動，需要與製造經濟不一樣的發展條件。後者重視的生產條件比較利益（地租、工資、利息、水電等的低成本），而對創意事業的推動上，這些既非必要條件，也非充分條件。創意事業重視的是生活／生態條件的比較利益。

所謂的生活／生態條件比較利益，是指在城鄉的生活空間、庭園造景、節氣旬食等生活趣味的呈現，以及在地景地貌、人文景觀等各方面的色彩、造型、質地與工藝，均表現出豐饒的環境刺激元素，時時甦醒國民對大自然的覺察力與對人文景觀的「存在感」——這些條件對一個地區創意設計力的提升，都是必要的整備條件。

從「生產條件的比較利益」到「生活／生態條件的比較利益」，從製造經濟思維到創意事業思維的移轉前進，生活設計在提升產業附加價值的地位更顯重要。

任何一個創意事業均然，文化條件的軟實力才是所有創意的根基。而在通信資訊科技與交通科技日益發達，促使地理疆界日益消失的現在，「地方性」特色更是創意差異化價值更重要的源泉。就像法國酒鄉的葡萄酒，台灣的包種、鐵觀音，好酒好茶都源自優質的風土條件，那完全來自土壤的特質。

地方上天地山川的生活舞台，隨節氣移轉變換的地景地貌布景，人文歷史與工藝創作所形成的道具與景深——所有這些大自然變化與人文化成所擺設出來的符號、象徵；包含著種種形、色、質、技的豐富圖像，在在都是設計創意差異化靈感的來源。

譬如日本每年花見時節，粉櫻怒放，風過天際櫻瓣滿天飄揚的「櫻吹雪」景象一再演出。日本人在春季問候卡片的設計，以溫柔洗鍊的心，創作出貼心動人的回應。

而虎屋（京都御所西側烏丸通上）手工製作的櫻花與梅香造型銘果，是以節氣花事的意象為發想起點，在食材開發、產品設計與工法上都做了許多原創設計。這樣的原創「造物」，才是以「創意生活」的設計元素為「產業」增高附加價值的正道吧！

原研哉說得再透徹不過了：「從民眾生活中所產生的日常工藝裡……即擁有單一思維的簡潔，具備能與西洋現代主義對峙的獨特美學，這並非靠短時間的『計畫』，而是靠生活。」

文化就是生活的累積，也是原創設計靈感的源泉。

這就是我們所說的：「創意事業的文化與風土條件」。

原鄉風土涵養美的尺度與美的定義

立足於文化風土的設計，足以屹立於全球競爭的風浪中。
創意設計的眉目清晰，風格印象凸顯，
這才是不敗的競爭優勢的源泉。

日本的設計力有世界級的地位，但不太多人了解，京都是許多日本設計師文化的原鄉與靈感的源泉。

前些日子與幾位青年朋友在京都隨意晃蕩，讓他們體驗什麼是「創意的生活空間」？所謂「無論在何處都散布著別緻、濃密，讓人心跳的戲劇和詩」，到底是什麼意思？

一天早上在四條通，往祇園白川巽橋小巷口，一家果汁小店丸捨吃水果三明治早餐，一邊翻閱雜誌。其中有一專題報導是建築家隈研吾與女優菊川怜（東京大學工學部建築系畢業）共同踏訪京都桂離宮的特寫。專題中對「数寄屋」等建築風格頂尖代表的桂離宮書院等，進行一番巡禮與對談。舉凡賞花亭、月波樓、松琴亭與笑意軒等三百數十年的經典建築，都有一番既具深度又有啟發性的議論。

建築、服飾、器皿等生活切身物件的設計美學，京都無疑為日本的和風設計界定了尺度與標準，是日本設計血緣與基因的原鄉。日本因著這樣的血緣與基因，獨有的文化力得以藉設計彰顯，並在世上站穩自己的位置。

台灣這些年來雖然在世界設計圈中頻頻得獎，但是因為對文化資本的保存不夠，我們社會與國民對文化基因的辨識與認同是含混模糊的。既然文化基因獨特性不夠明顯，我們在世界上的文化容顏也就模糊不清。這點從我們社會上對美的定義與尺度，多麼缺乏自己的標準，就可以看得出來。像媒體上展現的大眾文化中，從服飾到模特兒的身材，幾乎完全西方標準，看不見我們自己對美的提案與主張。

東京的銀座、表參道、六本木之丘、中城等地固然展現國際化的日本設計風貌，但除了外國設計與品牌之外，山本耀司、川久保玲、三宅一生以及更多年輕一代設計家們，均能從材質、剪裁、織紋與印花用色等設計元素中，彰顯和風文化的基因符碼，融傳統於現代中。在東京的大倉飯店、文華酒店或京都的君悅飯店，無論接待大廳或客房中的設計裝潢，客人都不斷看到和紙、原木窗格、紙燈等和文化符號。

立足於文化風土的設計，正足以屹立於全球競爭的風浪中。使得創意設計的眉目清晰，風格印象凸顯，這才是不敗的競爭優勢的源泉。

運用空間力，加持在地創意事業產品力

——驛站是舞台，京友禪是道具

這樣的驛站，以設計過的空間釋放動人能量，
以空間細節娓娓敘述鋪陳一則則感人故事，
電車何止是交通載具，驛站又何止是運輸服務吞吐通路出口。

從京都市區到西郊嵐山，可以搭巴士公車、JR山陰本線（嵯峨野線），或是從北野白梅町搭京福電鐵，直達大本山天龍寺山門正前方，緊鄰嵐山商店街的「嵐電」嵐山驛。

在多條交通方案可供市民與遊客選擇下，其中唯一的民營業者，京福電鐵可是卯足全力，想方設法創造獨特服務體驗，力求能以動人的產品與服務故事，追求客人的青睞。

京福電氣鐵道於一九四二年成立，溯其前身愛宕山鐵道，甚至早至明治／大正年間。從昭和時期延續至今的市內段路面電車，淡季時僅開駛一節，復古可愛。因為通往著名的觀光景點嵐山，京都人對此又有「嵐電」的匿稱。寶藍色的絨布座椅，冬冷季節時會有熱呼呼的

暖氣自腳底呼嚕而來，襯著窗外樸實的景致，倍感溫馨。

二〇〇四年九月十八日車站內開始設立著名的「駅の足湯」。為遊賞嵐山嵯峨野，步行走累了的遊客，經由體貼溫熱溫泉足湯，撫慰遊客身體與心靈的疲累。

二〇〇七年十月，嵐電找了室內設計師森田恭通（台北西華的 B-one 自助餐廳、香港 W Hotel 均其作品）全面改裝站內空間；二〇一三年七月又再請森田以六百根友禪布染打造出光之森林——直徑二十公分、高兩米的燈柱「着物（kimono）森林」」，全年點燈時間為午後三點至晚上十一點。

光柱中使用的京友禪布料，由京友禪襯衫製作廠商，京都市「龜田富染工廠」染製，在LED燈照襯下絢爛奪目，夜裡燃燈更有璀璨之美，人稱「京友禪の光林」。

印象中車站公共空間，一般的主色調就是單調白色。嵐電嵐山驛內「Kimono Forest」友禪光林卻燦爛奪目。尤其入夜燈柱上光時，環抱全站區的友禪光林風景，讓入站上車或到站下車乘客如入幻境。從夕暮中車窗外望，整個站區仿如漂浮在琉璃仙境中。站區內的嵐山溫泉足湯暖和旅人疲累心靈；隨友禪光林迴遊漫步到站深處近東出口，左邊拐彎，對應駅前天龍寺的龍珠裝置藝術「龍の愛宕池」迎面而來，池上圓球有倉科昌高繪作的盤球金龍。

附近還有為三一一東北震災復興祈願而分株移植的「福島三春町の滝櫻」植栽（二〇一三年一月開播的NHK大河劇《八重之櫻》，片頭便以此三春滝櫻為主角），種種站區內

外空間設計，觸動旅客內心深處溫暖的牽絆情懷，人間深情難忘。

友禪是京都在地產業，嵐電的巧思讓嵐山驛站空間成為友禪的「展廊」，而友禪也成為驛站舞台上的「創意道具」，嵐電驛站旅次空間，與地方產業友禪光林產品相互輝映，喚引了旅人的地方感與生活存在感。

當百萬、千萬人次流進流出嵐電驛站，會有多少人興起對「京友禪」更進一步的興趣？

這樣的驛站，以設計過的空間釋放動人能量，以空間細節娓娓敘述鋪陳一則則感人故事，電車何止是交通載具，驛站又何止是運輸服務吞吐通路出口！

美麗風土是孕育創造才具的底力，也是養成鑑賞力的張本

創意才能的誕生地點分明有偏好，
而且「美力孕育創新力」，
孕育創新才具的風土需要美的底力加持。

東山魁夷（1908-1999，日本風景畫家、散文家）的「秋翳」繪於一九五八年。背景是遼闊的藍天，映襯着山巒紅葉。以半具象半抽象的風格表現秋山的楓紅。紅色三角形的山體，是蘊藏著充沛生命力、靜靜佇立的楓林。「紅于二月花」的經霜紅葉，無限豐盈、壯美、優雅、靜謐。作品安靜祥和，飽含力量。是魁夷在一次秋山中溫泉旅宿的寫生，經過數次的畫稿實驗，才完成的名作。原畫現藏於東京上野國立近代美術館。

有練達熟齡老客戶，挑戰年輕和菓子師傅，以「秋翳」為題發想設計。歷數次創作被老客戶打槍，菓子匠師甚至到上野美術館再三端詳、苦參魁夷的「秋翳」名作。才終於做出令自己、也令老客戶均滿意的、向「秋翳」致意的和菓子。

這個故事是有一年十一月中旬在日本南東北那須高原、草津、輕井澤、升仙峽與河古湖一帶賞楓、觀瀧、泡湯休憩，晚上在老神溫泉紫翠亭旅舍看電視時看來的。

難道是春櫻、夏綠、秋紅、冬雪，得天獨厚多彩多姿的國土地景，不斷刺激、提升日本人的視覺教養，讓我們總是深感日人在食、衣、住、行、育樂的生活美學種種情境中，不經意總是能展現出雅緻的「情緒與形」的品味。

如用關鍵字來表達，不像國人的核心氣質，也許可用「成本效率」展示；對照之下，日本人的核心氣質則是「情緒與形」。

他們對造形、色彩與材質的表現，無論在廟堂之上的桂離宮、青蓮院門跡，或是那回南東北行沿途走的庶民均可親近的升仙峽河谷、華嚴瀑布、霧降瀑布，山岩盤聳、溪澗漱玉，以至於楓紅黃青配色的鬼斧神工，均令人歎為觀止，煩憂盡滌。

國人近日多為油品食安心煩，產業經濟則創新成效頓挫。無論生活面、生產面，種種跡象警示國人，以往追求「成本效率」不只遇到大路障，甚至有把持不住的經營者走入魔障。整體檢討，台灣呼喊二十多年的創新經濟追求，結果可以說還是相當暗澹局面。創新成效不夠理想，我們真要思考：何人致之？何以致之？

這次旅行走到的靜岡縣御殿場（家康公退休當「太上皇」的居所，也是御菓子司「虎屋」的工場所在）。聯想到愛爾蘭這個國家的人口，不過四百六十萬，只相當於日本一．二個靜

岡縣的規模。但不世出的創新大天才卻從此地源源誕生，說來實在覺得很不可思議。

愛爾蘭出了威廉・漢彌頓這個數學大天才。文學方面更不難發現光芒四射的天才輩出，簡直就是懸滿文學明星的天空——喬納桑・斯威夫特、奧斯卡・王爾德、威廉・葉慈、詹姆士・喬哀思、山繆・貝克特等都寫出堪稱世界級經典的文學作品。有關創意才具的叢聚湧現，有一個「美力說」理論：美麗風土是涵育創意才具的底力。

英國也是個創新天才輩出的國家，其田園風景之美世所公認。像劍橋大學、牛津大學，古色蒼然的建築映照終年常綠的草坪，美得如夢似幻。而愛爾蘭，也有號稱翡翠之島的遍地綠意，和壯觀夢幻的自然美景。

可見創意才能的誕生地點分明有偏好，而且「美力孕育創新力」，孕育創新才具的風土需要美的底力加持。

蒼穹繁星與人文化成的美麗與秩序，可能都彰顯上帝創造的奧祕。天地自然、山川城鄉、和生活街區的美感，和創意才能的涵養必然有深遠相關。

台灣表面提倡「創新」二十餘年，但骨子裡價值思維其實是「成本效率」掛帥。即使提倡「創新」，在台灣卻只以「知識經濟」之名，多偏向由「邏輯」及「理性」面切入，不太多人理解「創新」以「美」為底力的美學面向。「情緒」與「形」的柔與「邏輯」、「理性」的剛，如能剛柔並濟，國民的綜合判斷力與創造力才能臻於完美。

從這觀點看，我們要真正提倡「創新」，首要的關鍵基本投資是「國土改造」與城鄉街巷「地景建設」，讓台灣成為華人優質生活場域的中心。無論天地人文，山川城鄉，台灣都要維護、涵養美與質感的「形」，陶冶國人美育的「情緒」與「情操」。

「美的存在」長期而言，是孕育巷弄創業家最具底力、最營養的風土。而城鄉街區的創意生活事業，也得著床於美麗的風土聚落。

街巷生活空間的存在感，是師匠創意的源頭

意匠職人手藝與道行的養成過程中，
山川形勝與地理風土條件的陶冶，是不可忽視的因素，
所謂日常的耳濡目染，久之「胸中自有丘壑」。

押井守導演的 INNOCENCE（二〇〇四年發行）這部片子，是我很喜歡的「攻殼機動隊」系列電視影集的電影劇場版。此片共同製作人是 Prouction I.G（日本一家動畫製作公司，一九八七年成立）的石川光久和吉卜力的鈴木敏夫。

鈴木先生我在東小金井的吉卜力工作室裡訪問過他，石川的公司則位於東京都國分市南町，因為共同朋友的因緣，我們曾一起在台北七條通的和幸喝酒高歌歡聚，聊了很多製作界有趣祕辛。包括塔倫帝諾如何從好萊塢親到東京 I.G 製作所移樽就教，央求正忙於製作 INNOCENCE 的石川，為《追殺比爾》製作那段酷炫迷人少女殺手成長故事的動畫。

見面當時他心裡還嘀咕著，「真的是那位大導演嗎？」以及詹姆士・卡麥龍如何費盡心

思、一心想說服他到好萊塢發展動畫電影的曲折。

日本文化人（日本國民也如此），似乎都有極強烈的生活存在感，有焦點極清晰銳利的生活時空座標準確度。在創作工作中，他們也總展現出強大迫人的生活感與空間感。

就像十二年前，日本動畫巨匠押井守導演創作他的劇場版本「攻殼機動隊2－INNOCENCE」期間，曾派工作室內一個三人小組，來到基隆進行中元祭田野考察。他們拍攝了許多當年文建會第一個指定的國家級無形文化資產的畫面──基隆中元祭典民俗活動。

INNOCENCE片中「祭禮」段落，那場長達三分鐘，主題曲「人生於世，吾身之悲傷與夢亦不消逝」哀愴女聲中，滿天飄揚金銀紙下，臨街陸上行舟的王船，威煞萬方的官將首、千里眼、順風耳大神，以及舖滿銀幕畫面舞動的三太子群等等撼動觀眾心弦的影像，就是來自那次基隆中元祭典民俗活動的田野考察工作。

神匠宮崎駿製作《魔法公主》前，也曾帶領吉卜力的團隊到上高地與屋久島勘景。宮崎粉絲一定記得那句開場白：「在古老的年代裡，所有的森林均由守護神守護著，其中有一支隱匿在山裡的族群，已享受數百年的太平盛世……」，句中提到魔法公主所守護的森林，就位在上高地白谷雲水峽中。

由於多雨氣候，使上高地與屋久島一帶山中富含水氣，也讓綠苔與羊齒草所覆蓋的森林成為它的特色。而在入口處附近還有號稱「不老不死之水」的延命水。

走進魔法森林，在到處都是被青苔覆蓋的石頭、樹根，以及樹齡及樹軀都非常大的繩文杉等景色中，一片綠意與神祕，不但帶來生意盎然的氣象，這種寧靜的氛圍裡，似乎也讓人有時間靜止的錯覺。

閉目用心傾聽森林的聲音，甚至還可以感覺到森林小精靈或許會突然出現在眼前！來到這裡，也不難了解宮崎駿為何會選擇這裡做為動畫的場景。

再如東野圭吾的加賀恭一郎第八部《新參者》是魅力之作，他寫的故事幾乎可以當作東京日本橋人形町的地方采風誌。

故事發生場景的相對位置、距離非常清晰精確，戲迷粉絲很多人都不禁被吸引去朝拜。像水天宮子寶犬、干支年（第四集鐘錶店老闆為女兒安產祈願）、對面的重盛人形燒（出現在第二集）、賣仙貝的草加屋（第一集出現）雙葉店等等。

東野的《麒麟之翼》描述人父青柳武明在江戶橋遭刺殺，卻神祕地徒步走了幾百公尺，撐到日本橋麒麟之翼雕飾下才氣絕身亡。東野圭吾刻意讓這些故事緊緊鑲嵌在具精準座標的地方風土舞台上，街廓的氛圍／地標、商店的氣味，甚至左鄰右舍的芳鄰，都成了作品舞台上極具說服力的布景與道具，戲劇張力十足。

這種作品讓藝文創作與地方風情雙方，都為對方相互添增了媚力。顯然東野在創作《新參者》一系列故事前，對日本橋人形町的地景、人物、街廓生活與風土條件等，都進行了長期且深刻的田野考察。

美的空間陶冶創造心靈

京都洛西區的桂離宮，是十七世紀歷經八條宮初代智仁親王（後陽成天皇之弟）與二代智忠親王兩代的力量，彰顯簡樸素雅、審美情趣的日本庭園書院建築代表作，是日本設計與建築界不斷沉吟吐哺回味，所謂「和」風格的重要心靈原鄉與文化基因庫之一。印象中記得日本建築大師隈研吾，與東京大學建築系出身的名演員菊川伶，就曾安排在桂離宮內「数寄屋」風格的書院內對談桂離宮種種設計語彙，以及「和設計」對建築設計所帶來的啟發與靈感養分。

離宮庭苑內小徑，有一段跨過一條整塊石板建成的小橋，來到「松琴亭」茶室。剛過橋抬頭就可以看見寫著「松琴」（後陽成天皇御筆）兩字的匾額，引人懷想親王當年月下品茗撫琴，琴音在山峰中的松群間飛揚的畫面。

松琴亭北側廊下第一間房拉門採用青白相間的「市松模樣」方格花紋，顯出極簡潔雅緻的美感，與亭外松石、清池、洲濱相映成輝。

這青白方格相間的襖障子是近年桂離宮大修復時，京都唐紙三百餘年老店「唐長」第十一代主人千田堅吉的傑出作品。

不只桂離宮、御所等皇家庭園，就連御池麩屋町通上著名俵屋旅館的襖障子，都是京都三百餘年唐紙老店「唐長」十一代當主千田堅吉的拿手傑作。

堅吉的先祖是在貞享四年（一六八七年）十一月創建「唐長」。堅吉的唐紙美學素養來自京都在地悠緩的生活，以及當地自然與人文景色的啟發。

曾有文化人作家問堅吉，唐紙的顏色，是如何做出來的？

這是趣味很深的。當然不是繪具的技法，而是觀察生活空間周遭顏色的組合：雲的色，草木或土的顏色，眼睛所看到的顏色立即變成手本的顏色。

眼之所見，手下成色——這是千田堅吉的回答。

這意味著，唐紙的顏色是由生活中產生的。師匠的創造力正源自對日常生活空間的強烈存在感與敏銳察覺力。千田堅吉從小就喜歡到御所去觀察植物及昆蟲。對他而言，御所的園林是啟發他對大自然豐富的形、色、質深度觀看的教室。

對千田堅吉而言，御所是最好的遊樂園，也最是沒有拘束的空間。御所的昆蟲、蜜蜂讓他有很多的感覺。就好像是自家的庭院一般，每個角落都能夠令人放輕鬆，而激發他強大的官能覺察力。

師匠大家，食養目養。眼下瀏覽過大山大水，胸中自然成丘壑。千田堅吉相當偏愛綠色，但是他最喜歡的綠色，不是一般觀葉植物的綠，而是是京都御所的綠。色彩的敏感度自然是唐紙職人的重要技藝。對一般人言，也許「綠色」就是「綠色」。但對千田而言，能引起他情感波動與心靈共鳴的是「御所綠」。

御所在風雨欲來的黃昏，大樹在風雨搖晃中，幾乎要融入大地的綠，以及以春天、蝴蝶飛揚為背景，所呈現出來的綠——這些都是千田堅吉觀察和喜歡的。

意匠職人手藝與道行的養成過程中，山川形勝與地理風土條件的陶冶，是不可忽視的因素，所謂日常的耳濡目染，久之「胸中自有丘壑」。像「唐長」的例子，在處處是園林的京都，千田堅吉夫妻最喜歡京都御所。京都御所就是堅吉從小獲得戲耍與玩興的場域，也是他終生創意的泉源。

巨匠與神匠的生活空間存在感都如此強大迫人，其實創意城鄉的「巷弄創業家」們又何其不也如此！

巷弄創意事業，群聚於優雅風土環境

最健康的生活環境是被水色與綠色環繞……
城鄉空間的親水性設計，是讓居民親近自然的進步性設計思考。

苗栗客家小村——南莊桂花巷與新竹北埔的南埔村，現今仍然保留著流過社區的小水圳，旁邊還有石頭切平畫　的洗衣石板。是當年社區婦女群聚洗衣處，也是像男人的廟埕前一樣的社區交誼處所。

家鄉是位處市郊的老廟街，兒少時家後門小巷一拐就到了圳溝邊，還有兩三階石階臨水。每天一大早晨，右鄰幫傭母親洗衣物的張嬸，就蹲在那裡和一兩位鄰家阿桑，一邊各自揉搓洗衣一邊開聊。可惜現在圳溝已被覆蓋在柏油路面下。

NHK曾拍攝滋賀縣境內，日本第一大湖琵琶湖區里山居民依湖而生的紀錄片。住民家內就有池通湖，餐盤碗具洗下殘羹飯粒就成為

池中湖魚食物。里山居民生活方式非常「天人合一」，和大自然和諧相處過小日子，對天地自然環境極為友善。

最健康的生活環境大約是被水色與綠色環繞。像日本人相信天神降臨人間都從樹梢下來，他們的神社前後一定被密林環抱。住家中進也一定留有透天綠意坪庭露地。今天台北大稻埕的老房子仍然保有這樣樓房比鄰街坊，極狹長，前衢後巷，三進，中段兩個天井採光的設計格局。

城鄉空間的親水性設計，是讓居民親近自然的進步性設計思考。

台北市現在有大佳公園、淡水河沿河自行車道等設計，可惜市區內與市民日常生活更親近的空間，缺少如台中綠川、柳川，高雄愛河，京都高瀨川、白川、崛川等市民在每日日常生活起居，觸手可及的「日常小河川」。

像在京都東山知恩院西麓有白川流過，上邊有條行者橋，是在比叡山進行「千日回峰行」的知恩院僧侶，修行告一段落結束後，回東山必會經過的橋。我因常去那附近，也親身目睹過。

這座橋又稱「一本橋」，非常窄且沒有欄杆，河岸兩側種著柳樹，非常漂亮。旁邊有個木製平台，我曾帶學生坐在此休息。水非常清澈可看見魚游，夏天附近住家父母們常帶小孩，成群結隊在橋下白川戲水觀魚。整個規畫讓居民非常靠近水色綠意與自然，是一個非常進步的城鄉宜居空間設計思想。日本人有個特點是，要跟自然要非常靠近。雖然是在城市，也要將庭園弄到家裡面或鄰近街坊來，造就它已是所謂的「宜居城市」，生活的質感非常好。

「一本橋」與其下流過的白川已成「名所」，行定勳導演在這裡拍過《塵封日記本》，名取裕子主演的常青日劇《京都地檢之女》，也常以一本橋前臨川木搭小平台碼頭為起眺點，鏡頭望向北側古川町商店街（供應附近居民的市場）南口，那個現榨橙汁女攤販前總站著三、四位饒舌和服姑婆嘰嘰喳喳不已，城市巷弄裡穿街走巷的生活況味就浮現出來了。

京都很早就將老町屋活化，他們可以「修舊如舊」，無論空間、精神、生活文物、歷史軌跡等都可以保存得很好，讓舊街區呈現新樣貌，是他們最厲害的。例如Second House咖啡店，或者是西陣的米其林一星蕎麥麵店——蕎麥屋にこら。東山高台寺附近的東山草堂，以前是日本大畫家「竹內栖鳳」晚年的故居，現在則是一間西式餐廳——The Garden Oriental Kyoto，庭園非常大、非常漂亮，晚上也可以抽雪茄、喝酒。在京都居遊時，我時常去那裡吃法國料理。

在台灣甚為知名，位於京都東山知恩院下，已傳了四代的一澤信三郎帆布包；一澤正對面，有白色外磚牆與日式庭園造景小天井，由一個母親帶三個女兒四位優雅京女照料的六花ROKKA，提供「大宅」咖啡、務農父親自種京野菜作的沙拉，還有馳名的咖哩；另外在古川町商店家長大的木村光宏，自幼喜愛茶道，也在附近開設了「木の花」抹茶體驗處——這些開設在街巷間創意生活事業，離一本橋、白川、以及古川町商店街等生活街區都很近，是一組散落在水色綠意中的閃閃明珠，彼此相互滙聚人氣，也為東山知恩院西麓一帶添增創意生活的甜度。

巷弄創業進化雖緩，卻依然動人

遍布島內各城鄉的巷弄創業家，
正一點一滴地、一步一腳印地，
全面落實提升台灣成為華人社區優質生活的中心。

宜蘭縣現在一年有六百六十萬遊客，經過近三十年努力，宜蘭走出一條有特色的文化觀光路線。

回想一九八七年十二月，陳定南縣長與王永慶董事長，在電視上就「六輕是否適合設在宜蘭」大論戰，深感國民生活空間的設計，是公共治理的重大課題，是政府與民間的「努力＋創意＋毅力」的共同志業。

人民先塑造空間，空間再來塑造人民、型塑人民的生活風格。

像東京的六本木中城、表參道之丘，以致丸之內 KITTE 等經驗，均顯示高附加價值生活產業的發展，無不高度仰賴鑲嵌其間的空間力規畫，包含地景與城鄉規畫，乃至現在風行的創意城市設計課題，地景經驗改造運動也是不可或缺的一環。宜蘭近三十年來持續不間斷的學校、民宅、縣府、竹籬、大草坪、老樹等地景進化改造活動，就是活生生明顯例證。

這些年來，台灣上下關切創意事業的發展，與設計思考的推廣。但社會一般不甚理解：工業設計之前，要先有社會設計；而社會設計之前，更要先有國土設計。

像日本設計大匠喜多俊之，年輕時就觀察到，同為二次大戰戰敗國，義大利為什麼在以設計創意重建國民「生活甜度」的進展，大大快過日本？

難道不是義大利的國民生活美學素養，自他們出生張眼，從襁褓年代起，就深深受到義大利城鄉建築造型、聚落住屋色調、國民日常服飾品味等實體空間元素不斷涵養而潛移默化，自然培育出國民「生活甜度」的復興。

近年來台北的URS 21中山創意基地、民藝埕、台南的老屋欣力、林百貨等案，具體彰顯台灣民間及公共部門對國土空間改造的創意與想像力。

橫濱Bank Art主持人池田修二〇一四年九月底來台北開會，就觀察到台北，雖進化緩慢，卻依然動人。他稱台北是「療癒與舒緩的城市」。生活在其中的市民，有時候反而不識廬山真面目。我們的城市在一點一滴改變著。

二〇一四年剛好台灣推動社會改造運動二十年。

一直以來，國內傳統社造 從「Social Design」角度，焦點放在解決社區問題，手段方案則相當仰賴向公部門提案爭取預算分配。參考本書前文提及案例，今後也許可以從更基本「People Design」角度，以社群營造焦點，公部門資源外，更可考量動員一些進步「巷弄創意事業」，以及社區、社群資源，以社會企業模式推動新品種社造運動。

像「豐味」在台北迪化街「聯藝埕」推介島內優質鮮果與進步果農；248農學市集在迪化街一段二五九號開店賣高雄大寮有機紅豆湯、台南東山嶺南里手工炭焙龍眼乾等農產品，一樣可以協助農民與農村社區。還有本書提到的各家巷弄創意事業，不也都是一種好樣兒的新品種社造？

遍布島內各城鄉的巷弄創業家，正一點一滴地、一步一腳印地，全面落實提升台灣成為華人社區優質生活的中心。

七千八百三十五個美麗

台灣現在如台東、苗栗、宜蘭等地的遍地城鄉，讓人得以款行慢遊的個別明珠「亮點」可說處處湧現，現在要努力的方向是將之串聯成線，鋪陳成面。

台灣近來經濟產業面的正面發展消息不多。但另一方面，做為富質感的「優質生活」之地，則全島的巷弄創業則有遍地花開之勢。像台東鐵花村、花蓮鳳林月盧、池上、大港口等，成線串聯的遊賞勝地，近年日益形成休憩潮點。

更近北部，一直保留著好山好水的山城苗栗，國民前往休閒旅遊的人潮，從二〇〇七年四百七十萬，四年後（二〇一一年）一下跳到一千八百萬。喜歡來跟五十六萬苗栗縣民分享家鄉山城，分享土地恩賜美味，分享美麗生活質地的朋友，四年來成長了近四倍，勢頭令人印象深刻。

南庄、三義、卓蘭、大湖、華陶窯等地的風光，朋友耳熟能詳，石壁染織工坊、獅潭仙山仙草、茶莊，兩點出爐四點不到就被搶購一空的公館鄉潘多酪法式麵包，則是舊山城中推陳出新，長出的新亮點。

台東、苗栗「後花園」式美麗的人文、自然傳奇，不是台灣的特例。

台灣全島三百一十九個鄉，七千八百三十五個村的美景色美人文，是源自這些年來，人文育成，風俗醇化，早已養成一種普遍溫和好禮，敬天愛人的文明風氣。這個文明我們島內人日常身處其中，習慣了反而沒有覺察。大陸或日本文化界人士一來台，特別是他們自由行在台灣各地城鄉村里，自由穿街走巷，深入踏處台灣土地、民情，感觸每每極為深刻。

我們出國在外旅行，例如到瑞士、日本等地，每每欣羨人家生活空間的優雅美麗，仿如在花園中過生活。

台灣現在如台東、苗栗、宜蘭等地的遍地城鄉，讓人得以款行慢遊的個別明珠「亮點」可說處處湧現，現在要努力的方向是將之串聯成線，鋪陳成面。

這其間需要地方上有概念、有熱情的空間經營達人（本書稱他們為「巷弄創業家」）出面串聯整合。台灣全島三一九鄉，以苗栗為例，有十八個鄉鎮，其中南庄鄉內有東河村、南富村、南江村、蓬萊村等。

像蓬萊村約兩百戶人家，其中一家本書中介紹的「山芙蓉」花園 café，主人原在台北市經營花店，後來結束花店回蓬萊村娘家，以父親留下的家業為基礎經營山芙蓉。

山芙蓉曾在南庄舉辦文藝季時，串聯八十戶人家在老街牆壁上沿街一起懸掛花環。

山芙蓉自身就具備園藝、花藝綠手指核心能耐，再加本已整合了一組包括景觀工程、裝置藝術、油漆等藝匠團隊，如能動員說服兩百戶人家中的二十戶帶頭推動，以花葉綠意漆藝美化山城民家的外牆窗櫺，園圃欄杆。美麗漣漪可以擴散及全蓬萊村兩百戶人家大夥「見美思齊」，甚而再擴散及全南庄鄉，以至於全苗栗縣。那麼全縣像瑞士、荷蘭、日本鄉村民家般動人的美麗城鄉改造計畫事功可成。這樣的事功勢必成為感動人民的美麗新故鄉故事，地方賢達可以慎加考慮推動。

巷弄創業家的時代：從用品物件到生活空間

文化建設不能說是國家音樂廳、美術館美侖美奐，常民生活空間卻店招、建築、巷弄空間一片雜亂。「視覺暴力」常讓人心神如受重擊……

文化建設工作千頭萬緒，並不止於藝文領域中，藝術家或表演團隊創作的獎助，或民眾對藝文展演欣賞的普及化與質化提升而已。

更有意義的文化建設工作，應該是國民生活文化質感的提升。近年來，在政府、社會與教育體系，對設計、對創意事業的鼓吹與推動之下，舉國上下，可以說對用品物件，舉凡食器、茶器、燈具、生活用品的品味與講究日益提升。

以前台灣人要找令人觸目喜悅的生活雜貨大都要往日本跑，現在總算台灣本地用品物件設計質感大見提升。無論機能、材質、人因工程、造型、色彩、美學等層面都非常進步。

而台灣在用品物件設計的這些進步，也在國際專業領域廣受肯定。二〇〇三年以來，我們在德國 iF、reddot，美國 IDEA，日本 G-Mark 等世界四大設計評比賽中大大露臉，得到上千個優勝獎牌。

可是，我們的生活文化雖然在器物美學有了起步的進展；但在空間美學方面，仍然一籌莫展，甚至可以說還不及格。

文化不離空間。無論是人文化成或是天地化育，都是在人文空間或自然空間中孕育。離開空間無以談文化。而文化建設，第一步恐怕就先得從空間經營著手。

新加坡的住宅外牆，法令規定每五年得粉刷整理一遍，市容因此清爽整潔。日本人如沒有車位，法令規定不能買車，巷弄之內絕不見私家車亂停，一片擁塞亂象。

文化建設不能說是國家戲劇院、音樂廳、故宮、美術館美侖美奐，常民生活空間卻店招、建築、天空線、巷弄空間一片雜亂。

當你帶日本、法國朋友在采采喝茶，從茶品、茶器、桌飾、擺盤、服務生衣著談吐氣質，乃至整片菩爾茶磚牆與空間設計氛圍，完全無懈可擊，讓主人很有面子。可是一旦帶客人走出采采門口，復興南路巷子的汽車、機車胡亂停靠景象，馬上讓主客剛剛飽受寵愛的視覺享受破功，「視覺暴力」讓人心神如受重擊，台灣主人剛剛在采采室內的驕傲感馬上卸甲。

文化建設政策絕非只在器物層扮演資源分配角色，更須主動整合，在空間層具備主體任事的意志力。在有限資源中，整合三一九鄉與五都改造而釋出的文資空間、能量，務使各城鄉在地資源與中央資源整合進取，創造更豐沛的文化活力，方能在各方資源競逐排擠下創造新方向。

重點不在期盼政府投入更多硬體建設文化施，而是以文化建設的高度，轉化與活化歷史建築（古蹟），成為各具特色的文化設施。更要關注常民生活空間、住宅群與公共空間和城鄉色彩、生活美學的調和共感。

而除了公部門外，本書所記錄、描繪的巷弄創業家們，在島內城鄉各處的努力，更是提升台灣人文地景空間，與街廓天空線質感的一股關鍵力量。

這是當前台灣文化建設很弱一塊，亟待政府、社會各界之共同加持。

四個同心圓：商品力／空間力／風土力

了解自身居住的城鄉巷弄，
就會更願意積極投入社區巷弄生活的營造，
這將成為推動社區改造與地方進步最大的動力。

風土資本與視覺驚豔

近來因為開始覺悟要打造台灣成為「生活大國」與「觀光大國」，各界大量投資各項軟／硬體，政府與民間合作推動美食、文化和美景，全力發展文化觀光。如同日本人所強調的金三角。大家會注意到金三角中，後兩項與「空間體驗與視覺驚豔」有密切關聯。

南庄鄉蓬萊村遠山上的油桐花

最有深度，也最有永續發展能力的觀光發展，應是在地生活、在地文化的分享，倒不見得一定是大山大水大景點的消費。所謂「整備風土資本，打造觀光城鄉」，就是重新發現、重新創造全島三百一十九個鄉鎮，每一處城鄉最引以自豪的特色。

相對於「整理準備風土資本」應從在地三百一十九個鄉鎮，七千八百三十五個村里的本土化開始，很重要的關鍵著力點也同樣是在於要能動員及提高居民的關心度。讓居民有新鮮的好奇心，就像是在自家鄉里觀光旅遊一樣，可以用外界的眼光去眺望自己所居住的城鄉，進而發心整備鄉土空間的視覺體驗。

整備在地風土資本，打造觀光城鄉，與社區總體營造一樣，首先要了解自身所居住的城鄉。了解帶來依戀，依戀就會更願意積極投入社區營造的活動，讓自己感覺身為該城鄉的一員而深感與有榮焉，這將成為推動原鄉社區營造與地方歷史風土街道整備最大的一股動力。

原鄉風土空間反映國民內心風景

台灣全島各個鄉村的美景美文，是源自這些年來，人文育成，風俗醇化，早已養成一種普遍溫和好禮，敬天愛人的文明風氣。這個文明我們島內人日常身處其中，習焉不察。大陸或日本文化界人士一來台，特別是他們自由行在台灣各地城鄉村里，自由穿街走巷，深入踏處台灣土地、民情，感觸每每極為深刻。

台灣現在從南到北遍地城鄉，讓人得以款行慢遊的個別明珠「亮點」可說處處湧現，現在要努力的方向是將它串聯成線，鋪陳成面。

社區營造與風土資本的整備也好，打造觀光城鄉也好，都是以社區在地的創意生活達人為製作人，來整備地方各類風土資本：以社區歷史人文為布景，以在地山川城鄉街廓為舞台，以社區創意工藝和商品設計為道具，以所有參與體驗過程的居民與旅客為演員，在各個可居、可遊的城鄉社區，共同生活（演）出一場創意生活的大戲，為城鄉社區的人文環境與地方經濟同時帶來一個更好的明天。而這也正是國土經營、打造我們大家共同的幸福社區家園的最高境界。

巷弄創業家們的創意生活產業是空間的事業，要能運用立地條件的人文脈絡意義，為事業加值。立地空間多鑲嵌於無形的人文歷史背景之中，這些人文歷史故事為事業本身增添了故事性與想像空間，增加它的景深，讓空間與無形的故事產生對話，成為有文化意義的空間。

歸納各地巷弄創意事業的風貌，此處提出「風土力／空間力／商品力相互加值的四個同心圓」概念，由核心的「產品設計」，往外擴及「空間設計」，再延到「街廓設計」，最後由「城鄉山川設計」環繞。

產品設計

「產品設計」是指從風土條件中孕育而生的巷弄創業家，透過他對日常生活的體驗與覺察，培養出的創意設計力，進而體現在產品上。產品設計不僅是外觀造型的設計，也涵蓋產品相關的平面或logo設計。此外，產品選用的材料也是產品力的核心要素。例如八月盛夏，吳寶春選用台南東山當令的龍眼乾製作出酒釀桂圓麵包，揚名國際。日本的宗家源吉兆庵和果子則在秋季推出限量的柿果燒「粹甘肅」，當令的金黃柿乾內包豆沙餡，並以金秋楓紅意象的橙金色調做為外包裝。相較於北埔一個十幾二十元的柿餅，宗家源吉兆庵的「粹甘肅」則創造了一個二百四十元的價值。

透過風土條件孕育出的技藝設計，重新包裝既接地氣也順應節氣的核心材料，創造出產品的設計力。本書第二部介紹的食養山房、水來青舍的創意餐食，九份茶坊、紫藤廬茶藝館的茶與陶，相思李舍的茶與咖啡，水井茶堂的擂茶等，均是巷弄創業家以「產品設計」創造價值的顯例。

空間布置層次

「空間設計」則指巷弄創業家對整個營運空間的經營，透過店面環境氛圍與視覺動線的設計規畫，與產品力相互輝映，為產品加值。阿原肥皂在淡水老街的「淡水天光」旗艦店就是最好的例子，又如位在青田街一帶的「遊山茶訪——台北茶會所」，重塑七十多年的日式老建築。在老空間裡，設置饒富設計感的長桌、木櫃，擺上極具工藝美學的茶器，搭配庭園裡與屋齡相仿的櫻樹、銀杏，有一步一景的雅緻，大隱隱於市的清幽。

第二部中則有食養山房內部充滿禪意與空靈的氛圍，紫藤廬茶藝館洋溢祥和寧靜的氣氛，九份茶坊充滿回到往昔的古樸氛圍，無為草堂洋溢道家無為悠閒的情境等。

與外部街廓的結合

從空間設計往外延伸，則是「街廓設計」。透過建築體外的地景，孕育創意能量。例如台北永康街，有揚名國際的小籠包店「鼎泰豐」、有古韻幽深的茶空間「冶堂」、還有台法合璧的甜點店「小茶栽堂」，以及匠心獨具的「陶作坊」、「不二堂」。台北永康街，宛若一座活生生動態的創意展覽館。

第二部提到的紫藤廬位於原台北瑠公圳左岸，五〇年代起便是民主運動的搖籃，如今後人可端坐其中詠嘆前人的風采。九份茶坊位於九份山城，背山面海，遙想起八〇年代的淘金夢碎，令人無限唏噓。

與山川城鄉的對話

街廓之外便是整個城鄉環境，「城鄉山川設計」指整個城市的生活風景與整個天地山川的四季流轉，透過生活空間與自然環境的體驗感動孕育創意的心靈。一如位於汐止的「食養山房」，以柴門、竹簾、長桌與棉紙吊燈營造出古樸文氣，並透過涓流、幽徑銜接每一幢屋舍。其間或點綴文心蘭與綠修竹，荷風習習、青松濤濤，頗具王維詩中「明月松間照，清泉石上流」的禪意雅趣。食養山房窗外的樹影風姿搖曳，秋天的竹林與殘荷帶來蕭瑟，四周的古松與室內的禪意相映成趣，四季風華皆不同。

空間即能量，透過空間供給巷弄創業家創意設計的養分，並與產品本身交互加值。

卓越獨到的技術核心撐持的「產品力」只是第一個環節，外面還需平面／logo包裝設計、店面空間設計、街廓空間設計，甚至巷弄事業所在立地城鄉的設計等，一連串同心圓環的設計加持，以城鄉／街廊／店面／包裝等「空間力」加持，來為「產品力」交互綜效作用，才能輝映出巷弄創業家們，風姿氣品璀璨萬千的街區創意生活事業的風華。

地氣、人氣相輝映：品人開品店，住品居

城市的容顏

觀察產業與經濟的發展軌跡，可以歸納出一條通則——所有產業，所有產品的「內容創意」才是最終「附加價值」所在。

內容創意則包括兩種來源：深度的科技知識內容與豐富的文化／美學內容。

創意產業與體驗型美學經濟創造生活愉悅的價值，使顧客轉變成吮蜜的小孩，吻出生命中春天的甜度，巷弄創業家所帶動的體驗型美學經濟，是台灣發展的一種在地型產業。

台灣深具發展體驗經濟的產業條件與生活條件

體驗型美學經濟的發展需要孕育自講求生活美學的時空條件。本身先有美好的生活型態，才能打造感動人心的體驗型美學產業。而生活美學與美好的生活型態必須鑲嵌於明確的歷史感與空間感之中；歷史感是指體驗型美學經濟中，每個產品、每項服務背後都要有說故事的閒情與想像力，就像台北亞都飯店天香樓的「宋嫂魚羹」。

空間感是指型塑體驗的情境空間，愈在地化就愈能國際化，例如台北信義路鼎泰豐餐廳

各樓層壁掛的水墨畫精品，讓東洋客、西洋客不只動員味蕾、嗅覺歡享細緻柔膩的小籠湯包，也能動員視覺感官優遊恍神於「筆簡義遠，遺貌取神」的精品水墨境界中——隱隱透出枇杷紅熟彩光，幽然吐納菊花馨香，孤標傲世偕誰隱，一樣花開為底遲？——鼎泰豐應屬台北生活美學「體驗經濟」的先驅者之一。

細緻潤滑的小籠湯包和著如日劇「美味關係」中形容的「幸福的湯」，滑入你的唇齒之間。喜悅的經典，甜美的霖汁。那種溫潤與滑膩，在你的唇與舌之間滑動。剛出蒸籠，擠得出汁液來的薄滑白皮，蘊涵溫熱的湯汁，一咬就在你的唇舌之間噴灑而出，有一種宛如江南蘇州絕色美女肌膚的溫嫩與柔膩感覺。

對體驗型美學經濟的經營者而言，風格是必要的信仰

而風格在於細節。在生活美學方面，餐桌上的顏色、氣味、嗅覺、聽覺、觸覺、口感、視覺等生活的感官、官能都要能被動員起來，與心愛的人共餐，慢慢吃、慢慢愛，這樣的從「美學經濟」中提供「官能的智慧」的教養，對人生幸福的重要性，一點也不輸「知識經濟」所提供給我們的效率與便利性。

創意生活產業的發展是體驗型美學經濟的核心環節，在華人地區，台灣對運用文化與美學的核心知識，發展具有「高質美感」及「深度體驗」的城鄉巷弄創意生活產業，極具相對

優勢。就如有人說：「華人地區的創意產業，生活風格是台灣的終極優勢。」與「官能的智慧」相關的美學體驗創新鑲嵌於文化／符號體系中，台灣無論在食衣住行育樂各領域體驗型商品與服務的高水平開發，對現代華人情感／官能的感應與詮釋也比香港、新加坡、大陸敏銳細膩，最能貼近與感動全球華人內在的心靈。

曾有學生到蘇杭出差，吃到了杭州西湖畔「樓外樓」的東坡肉與西湖醋溜魚，一時驚為逸品，回台後向筆者大力推介。筆者其實早吃過，當時只是笑笑，沒多說什麼。隔週有機會師生論文討論，到亞都飯店天香樓吃飯。特意點了一道東坡肉讓她嘗嘗，不經意地笑問她：「與西湖比如何呀？」她苦笑不語。

巷弄創業家打造的體驗型美學經濟感動人心的地方，在於將一個原本尋常的生活產業消費空間，轉化成一個讓顧客產生記憶的場所，一個有助於創造人生記憶的戲劇性場景，一個生命經驗中的新舞台。

台灣的城市與鄉間的容顏愈來愈顯嫵媚，對很多香港人、大陸人、新加坡人而言，台北的城市空間就是舞台，生活就是戲劇。

附錄

舊街區的新活力——周奕成與大藝埕

大稻埕近年開設的小藝埕、民藝埕（迪化街一段六十七號）、眾藝埕，以及後來又開張的聯藝埕（迪化街一段一九五號）、學藝埕，呈現了當代台灣文青世代，背倚文化資本（而非金融資本），在傳統地景的歷史街區開出新生命的創造活力。

壹、周奕成與世代文化創業

一、革命文青街坊創業

周奕成二十三歲時參與野百合運動，推動社會改革；四十歲時，他對自己的人生做了一次革命——再推動一次新文化運動。

出身民生東路，從商的家庭背景，母親是作家劉靜娟女士。周奕成從政大新聞所肄業，出國念翰霍普金斯大學外交碩士，再到麻省理工學院（MIT）管理碩士。他的人生經歷了青年時充滿理想的學運、民進黨文宣部與青年部；接著以台灣囝仔的身分與國際接觸，到哈佛、耶魯等學校專題演講、任職台灣民主基金會、籌辦亞洲民主化世界論壇、美國前總統柯林頓訪台事務等；後來他選擇走出一條新世代的路，二〇〇六年擔任世代論壇執行長、〇七年他發起第三社會黨。周奕成花了近二十年的光陰，投身於社會運動與政治外交；到〇八年，他選擇從文化資本的角度切入，以另一個方式為台灣這片土地努力。

周奕成說：「我選擇創業，而不選擇創作，是為了理念的體現。從小被認為有藝術天分，但我一直不喜歡做純藝術家，因為我覺得人對現實世界有更大的責任。」

二〇〇八年第三社會黨活動結束後，他選擇離開政治圈，與陶藝家朋友及昔日學運戰友蕭立應，以微型創業的方式踏入創意事業領域。

蕭立應說：「藝術的東西美到不耐用、不實用，只是服務上流社會，我們希望藝術能結合生活、產生互動，會比擺著看有意義。」兩人深談陶藝，在理念相同下共創「台客藍」。

二、稻埕曬藝：豪門巨賈與販夫走卒均能創業垂統的美地

全球金融風暴與繼之而來的歐債危機，讓世界乃至台灣也一樣一片蕭索景象。「經濟衰退時，應該要回到傳統經濟的基本面去學習；大稻埕蘊藏著台灣商業與創業的智慧，我想回到傳統產業的地方，吸取智慧。」周奕成說。他從生長的、台北最美的民生社區，一路回流

到繁華落盡的大稻埕。

選擇在大稻埕落地生根，周奕成說：「因為大稻埕是承載台灣文化意義最多的地方，它和全台灣任何一個地方都不一樣。」不同於公部門選擇以非營利方式（其後有鬆綁限制）經營都市再生公共空間——URS44、127與155，周奕成則選擇大稻埕人們最熟稔的模式，以做生意的方式經營文化街屋。大稻埕的商人是低調務實的，日出而起日落而息、一步一腳印堆疊出現在迪化街上一幢幢獨特的街屋。周奕成與世代創業團隊融入大稻埕居民的生活方式，就地取材、用在地的歷史文化與百年街屋，以心手互動的方式腳踏實地開始。他並邀集創意家們，透過「創投合營」的新思維打造一幢幢文化街屋。

他說：「在大稻埕，豪門巨賈與販夫走卒都有立足之地，即使是做最小的生意，只要能夠維繫生存、能夠共同促進市面的繁榮，都能得到這個百年工商業社區的接納與尊重。抱著這樣的體會與認知，我們來到大稻埕，不奢談理念，不空談創意，先從小生意開始做起。」正是這樣務實的商業態度獲得在地居民的認同，使得周奕成得以先後租到難以承租的歷史空間，創設了小藝埕（李家）、民藝埕（蘇家）、眾藝埕、學藝埕（劉家）與聯藝埕（王家）。

在大稻埕的第一個空間，周奕成等了三年，終於以誠意取得李氏家族的信任。李氏家族在日治時期代理屈臣氏，而現今永樂市場斜對面的「屈臣氏大藥局」正是一九一七年興建的台灣第一家屈臣氏，也是台灣首座西藥房。這幢屹立了近百年、層平梁式結構的轉角街屋，左側正是小藝埕所在。

小藝埕（大稻埕上賣小藝），它的客層鎖定較年輕的族群。一樓左邊是以台灣生態與記憶為元素，轉化在織品印花設計上的「印花樂」；右側是由世代文化團隊直營、以主要販售與一九二〇年代相關書籍與台灣史地及文學作品的獨立書店——「Bookstore 1920s」。二樓是來自關渡的「爐鍋咖啡」，在挑高天花板、朱紅磚瓦地板與長形洋窗的圍繞下啜飲手烘咖啡，揣想著幾十年前大稻埕喫茶店裡那一杯咖啡的醇厚。三樓是由世代文化主持的「思劇場」，高達五米半的大書牆是這個空間的象徵，這裡不只是個劇場更是思想與文化展演的空間。

小藝埕所在的李家百年街屋，是迪化街（永樂町）的地標建築，位在當年台北最熱鬧的南街。現典藏於北美館、台展四少前輩畫家郭雪湖（一九〇八至二〇一二）的名作「南街殷賑」（一九三〇），大略就是以站在這棟屈臣氏大藥房的門口，往北看霞海城隍廟的視角所繪製的。而在「南街殷賑」裡，黃、綠、白、藍交錯林立的招牌中，其中淺藍招牌的「茂元藥店」正是現在的民藝埕鄰近所在。

民藝埕（亞洲民藝匯聚大稻埕），是一幢建於一九二三年的日式二層洋樓，從迪化街歷經三進二天井通到民樂街。這兒不只曾是茂元藥店，也曾是台南幫大老侯雨利的商鋪與事務所。

民藝埕的目標客群，是較為成熟的族群。周奕成依循前人的傳統，同樣在一進一階裡做起物品買賣的生意，只是他賣的不是南北乾貨也不是棉麻紡織，而是一件件由專注生活美學的燒製陶瓷器。陶一進展售來自日本的白山陶器、南部鐵器、柳宗理系列，以及 Cheez Cheez 帆布鞄及犬印鞄等。陶二進則是在古老的櫥櫃、木製雕漆金庫，以及長形宛如台灣形貌的木桌上擺著一件件的台客藍作品。陶一進與陶二進均結合日本民藝大師柳宗理的工藝及生活器物理念，以及蕭立應、周奕成期望將藝術與生活結合的想法。陶一進與陶二進的展設，捨棄一般工藝精品店將商品整齊擺放在櫃架上，而是如同生活情境中擺放器物於木桌上、櫥櫃裡，少了一分距離多了一份親切。

走過兩個綠藤繚繞、陽光灑地的天井，映入眼簾的是一間低調安靜的小酒館「洛 Le

Zinc」，是由世代團隊的創業夥伴李洛梅女士開設。洛酒館延續小藝埕東西交融的精神，不只有一九二〇年代摩登的氛圍，更可吃到烤烏魚子加花蓮郭榮氏手工火腿配紅酒、抹上宜蘭櫻桃鴨鴨肝醬麵包。從洛酒館前天井的樓梯攀上二階，便是「墨中間」，是書法設計講座與展覽的藝術空間。在墨中間前方（二階的一進）是世代團隊直營復古而幽趣的茶館「南街得意」。

小藝埕與民藝埕以多個文創空間經營一棟街屋的原因，在於相較大稻埕其他南北乾貨、

中藥行而言，著實難以單一文創品牌支撐整棟街屋的營運。而在空間安排上，周奕成順從大稻埕的商鋪文化，在主要門面空間經營零售買賣，次要空間經營餐飲，而次次要空間則為較非營利的劇場、藝廊。

周奕成也陸續接洽其他文化街屋的創設，例如後來開張的眾藝埕、學藝埕、聯藝埕，便各有主打客群，並引進店管系統，以文化商場模式經營。由世代文化團隊扮演「（創業）空間的規畫者」以及「風險的承擔者」，並採取「創投合營」的模式與進駐的文創工作者合作。由於歷經小藝埕與民藝埕而建立的信用，因此可以較為順利地與大稻埕老街屋的屋主承租，也同時為新進的創意業者承擔承租老街屋的風險。但周奕成不是當二房東，而是為空間加上許多硬體設施提升進駐的創意工作者經營的便利性。此外他也是篩選者，為適合進駐的創意工作者把關。

一百年前，大稻埕是全台灣最繁榮富庶的港埠。大稻程做為繁榮的商港，扮演著早年台灣最重要的茶產業的集散通路。大稻埕當時不只是全台灣商業貿易最繁盛的港口，也是文化和政治思想最開化、最先進的地方。一九二一年十月十七日，先賢蔣渭水等人為推動新文化運動創立的台灣文化協會就在大稻埕成立，象徵台灣人追求時代進步價值的努力。

除了實體文化街屋的創立，周奕成也在每年十月推動「A Roaring Good Time：夢遊一九二〇變裝走上大稻埕」的活動。該活動時間在每年台灣文化協會創立日期附近的週末，但不明言是為了紀念這件事。周奕成更重要的用意是推廣一個與大稻埕歷史文化接壤的活動，雖然是創新的活動卻有著深厚的歷史意涵，恰巧可與春夏之際，傳統的霞海城隍廟的城隍出巡，做為大稻埕主要活動的新舊對應。而他也期許透過一年又一年的一九二〇變妝遊行推動，創造大稻埕乃至台灣自己的文化祭典，更進一步將台灣文化推廣到國際。

周奕成說：「我們不是要活化或再生大稻埕，而是為這個雖然沉默卻仍隱隱脈動著創造力的老街區注入新活力。」

三、豐味：呈現台灣鮮果的農創創業家

郭雪湖的「南街殷賑」以亮麗歡欣色調且帶戲劇化手法，記錄一九二〇年代大稻埕霞海城隍廟口節慶熱鬧景象。南街廟口擁擠的市井小民興致昂揚，五彩繽紛的招牌遠近林立，全圖充滿社會現實性及視覺趣味，可見當時南街商圈的繁盛。

南街熱鬧繁華，往昔的北街呢？北街早期是各式農產雜貨批發等老行業聚集的「社厝街」，因時代變遷導致地區功能逐漸隱沒，後來人氣不及南街。近年稻舍、知貳茶館、聯藝埕、蘑菇等陸續在北街開設，已經漸漸滙聚人氣開展新氣象。

聯藝埕，以「風土」、「博物」、「旅行」為主題，是一棟三進式街屋，一進是公平貿易商店「繭裹子」、咖啡烘焙坊「鹹花生」、文化果品「豐味」。二進是歐亞料理餐酒館「孔

雀Peacock Bistro」。三進為文學書店及旅人會所的「讀人館 Readers' House」。

聯藝埕原是王家三連棟的雙層三進式老宅院街屋，中央有一片寬廣、帶著熱帶南洋風味的開闊天井花園。庭園一側並有階梯與二樓相連，前後棟共有十餘處空間。新經營者經過七個月「老屋欣力」式整修，重新以「風土」、「博物」、「旅行」為新空間布局主題。

聯藝埕三連棟展現了台灣近年「街坊型創業」的新潮，前後進共開了五家店、一家旅人會所。這種青年世代在舊街區創新業，以亮麗青春活力，突顯老屋宅價值，也帶動街坊發展的風潮，近年在台灣北（迪化街大藝埕系列）、中（台中范特喜系列）、南（台南老屋欣力系列）各地，遍島城鄉巷弄間開花結實，可說是一種新品種的社區營造行動。

這種新品種社造不再只是依賴文化部、農委會等公部門資金支撐，也不只是運用地方文史工作室的組織網絡，而是聯接在地經濟、農林資源，與生活產業、行旅遊賞服務相結合，同樣也帶動了社區街巷復興與社區住民元氣活化的效應。

像郭紀舟伉儷創立的的「豐味」，正是這種街坊型聚落創業的分子店家之一，位於聯藝埕正面第一家，它的廣義社造題旨，則在彰顯台灣鄉野鮮果的滋味。

台灣水果質量一流，但一般果農弱於物流、品牌、通路等行銷互補資源搭配。「豐味」則發掘像枋寮黃駿騏這樣的土壤碩士果農，所栽種的精品愛文芒果，還費盡巧思搭配菲達起司、義大利生火腿片和冰白葡萄酒，呈現給大稻埕來店客人。

這等級芒果出口到日本，擺在東京六本木 Midtown 地下一樓的 SUN FRUITS，裝在精緻木製盒裡，包裝陳列如名貴珠寶、奢華名牌包，一顆定價一萬五千日圓。但如果來到台灣源頭產地，在欉紅新鮮價二十分之一還有找，難怪日本人到永康街、到大稻埕豐味，會如此瘋狂、如此迷戀富饒「南方療癒香氣」的金黃芒果冰。

世代的街坊創業，創意小店創投合營營運模式，一方面降低經營者風險，一方面讓世代得以擁有篩選權、業態規畫權：開茶館、賣布、賣磁器、賣台灣鮮果等用自己模式振興傳統街區，周奕成這位街坊創業家，在舊城的街區中開出了新活力。

貳、文化、空間與物件

一、山川城鄉與街廓巷弄：外在場域

不夜的台北城燈火萬千，卻獨缺大稻埕的那一盞。現在大稻埕的一天，就像他過去一百年發展的時光凝縮。大稻埕的一天，在起卸貨的聲響中甦醒。台語、日語、國語甚至是廣東話，徘徊在布味、藥香、鮮鹹與果甜之間。當夕陽殘影拖過迪化街長長的紅磚道時，也一併帶走了白日裡雜沓的人跡。

「月色照在三線路，風吹微微……」夜裡的波麗路西餐廳，歌手純純以優美的嗓音演唱著鄧雨賢編曲、周添旺填詞的〈月夜愁〉。相隔不遠、由茶葉大亨陳天來經營的的永樂座裡，正搬演著上海電影《桃花泣血記》。另一邊，春風得意樓裡觥籌交錯，蔣渭水與林獻堂等正討論著台灣社會的弊病興革、台灣文化協會的創設。一九二〇年代的大稻埕，南北貨、茶葉、藥材的進出口貿易繁盛；新式喫茶店、咖啡廳與西餐廳林立；有長老教會教堂屹立，也有慈聖宮與霞海城隍廟坐鎮。台灣的傳統思想、民俗文化，與西方的民主思維、摩登新潮在此交流。

曾經風華的大稻埕，比開春的年貨街還熱鬧，更勝仲夏時煙火節的璀璨。但現在的大稻

埕也並不是年過九旬的綿惙老者，只在年節晚輩簇擁時才抖擻精神。近百個春去秋來，雖然抹去他曾經的欣欣向榮，但他骨子裡卻依然奕奕如昔。雖比不上現在東區的摩肩擦踵，沒有信義區的川流不息，但大稻埕的商人們依然秉持著務實而好客的樸質精神，在傳承與刻畫著繁華過往的老街屋裡送往迎來。而迪化街上的霞海城隍廟也依舊香火繚繞，吸引著無數的年輕人來到大稻埕。就像廟裡傳承百年的月老香火對年輕人的吸引力，大稻埕百年的繁盛文化也迎來一批新一輩的文化創意者進駐。

公部門指導下的非營利公共空間——URS44 大稻埕故事工坊、URS127 設計公店、URS155 創作分享圈／COOKING TOGETHER，透過與文創團隊合作，在老街屋裡將大稻埕歷史文化以展覽及活動方式呈現；而位於當年永樂座後方、現在永樂市場樓上的大稻埕戲苑，一如過去的永樂座，歌仔戲、掌中劇等好戲連番上演。

在私部門方面，由周奕成主持的世代文化團隊透過與其他文創工作者合作，運用大稻埕的傳統與文化資產，以創投合營的方式共同經營小藝埕、民藝埕與眾藝埕、聯藝埕。URS44 旁的小巷裡，則開了一家「老桂坊」，在充滿檜木香的空間裡販售著金工珠寶、復古設計與咖啡茶飲。而霞海城隍廟對面，則是咖啡與文創商品、陶藝工坊等結合的複合式商鋪——Fleisch 福來許。順著迪化街往北走，過了歸綏街，在人潮漸散時迎來了「Simple Pleasure 簡單喜悅」，一家結合在地設計、創意手作、公平貿易與烘焙學堂的創意店家。

鮮果
鮮果

現在的大稻埕，依舊飄散著茶香、藥味、蜜餞甜與乾貨鹹。時不時聽到國、台語夾雜著日語，偶爾有鑼鼓琴聲與唱和吟詠。傳承一代又一代的生意人依然在老街屋裡堅守本業，而新一代的創意團隊則進駐了那些人去樓空的老屋子，以新思維重新經營老祖先的文化資產。揮別過去幾十年來雨夜花落的黯淡，現在大稻埕上望春風，北門之北重綻四季紅。

二、空間設計與物件布置：內在空間

四月望雨，滋潤凍頂烏龍一葉春芽舒姿；春風得意，捎來東方美人一縷如蘭清芳。黃底黑字的「民藝埕」旗標在四月春風裡飄搖，走過遮雨廊下的紅磚瓦，繞過擺滿民藝陶瓷的「陶一進」。順著褐色木質樓梯攀上二階，在西洋老歌的伴奏下回到一九二〇年代南街的得意風華。

在挑高的樓內，巨大現代簡約的黑色茶櫃延伸至屋頂。茶櫃上間或擺上復古木製八寶櫃，有大有小的金屬傳統茶桶，一組組的陶瓷茶具與一艘古帆船模型。就像小藝埕思劇場以一面挑高書牆象徵空間的「思想」核心，南街得意裡的茶櫃，透過一格又一格的物件擺置宛如格放著百年前茶香歲月的歷史片段。

櫃台的左側，擺放著一張復古巴洛克式圓桌，空無一人的長背椅仿佛訴說著曾經居住在這兒的仕紳生活。而一旁被一片片長木窗櫺圍攏的包廂內，擺著一組組扶手沙發，搭配桌上一座座懷舊綠頂橘光桌燈，慵懶了一室的氛圍。包廂內的橢圓木桌上擺著一台老式針車、旁置一座轉盤電話，雖然是上世紀遺留的器物卻彰顯出一九二〇年代大稻埕的摩登新潮。在包廂天花板上頭，懸掛著一盞當代設計的吊燈，也恰如其分地融入這個復古又摩登的空間中。

包廂另一側，則被擺上一張又一張四人座長桌與長背木椅，就像回到日治時期的台灣咖啡館。靠坐在長背木椅上，喝著老茶師精挑細選的凍頂烏龍，看看眼前靠牆擺放的老式木櫥櫃，又轉頭透過長窗櫺與窗外雕花圍欄、俯瞰人來人往的迪化街。一邊回味著韻口的茶香，一邊看著迪化街上滿掛的燈箱招牌、停駐的汽機車、貨車，遙想這兒過去飄揚的各式各色旗標，熙來攘往的富豪仕紳、販夫走族，以及間或出現在巷弄咖啡館中的文學家、音樂家與畫家等。

南街得意裡的空間並不是十全十美的裝潢布置，像一些冷氣管線便是外露、不多加裝潢的。一來是其資金無法如東區店家做到百分之百完美裝潢，二來是一般住家即便是富紳的寢居空間也不會如此完美，三來是在大稻埕做到七八成即可開業，然後一步一腳印踏實地動手去做。南街得意裡的圓桌、木椅、老沙發，有些是房東蘇氏家族留下的老家具，有些是從國外訂購尋得的舊家具。老傳統與新思維碰撞的絢爛，在南街得意中重新綻放；百年的光陰歲月，在烏龍茶一沖一泡間流轉。

三、產品風格設計

南街得意只賣茶，每壺茶依茶的口感搭配不同茶食組合。而盛裝茶與茶食的器皿則是來自一樓販售的柳宗理系列、白山陶器與台客藍，透過親身使用這些茶具與器皿，讓顧客一邊喝茶一邊體驗器物使用最真實的感受。

南街得意提供了一個雅俗共賞的空間，即使不懂茶道也能享受好茶。而一樓販售的工藝作品透過南街得意的空間，不再只是藝術品般供人欣賞，而是回歸生活的使用。一如日本美學家柳宗悅先生所說：「所有作品都是為信仰性的生活必需品而製作的，它們不單是看的作品（觀賞愉悅），而是生活不可少的物品。沒有這些器物的存在，就沒有生活。」

南街得意依據各種茶不同的特性選用不同的茶具，東方茶用陶壺，綠茶則用瓷壺，西方茶也用瓷器，花草茶則用透明玻璃茶具。如此搭配是由於不同的茶沖泡時須用不同的水溫，而使用不同材質的茶具，可以使茶溫維持在一定的狀態。

搭配茶的茶食則依據茶韻茶香的差異，搭配不同數量與酸甜的茶食、糕點。像色淡幽香的碧螺春，便搭配五樣一組的蜜餞小點。羊羹、芒果乾、山楂乾、葡萄乾等，被盛在台客藍的雪桐花盤上。樸質又雅緻的白瓷盤被點綴上茶綠、米白、嫣紅、赭黃、橘金等顏色，就像一九二〇年代從曬米埕上孕育出的大稻埕文化一般多彩絢爛。

在大稻埕街上不只聞得到茶香，還有南北貨的鹹味、蜜餞的甜味。在南街得意裡吃到的蜜餞、糕點也選自大稻埕在地的食材，像有來自偉誠的核果，十字軒的一口酥等。在南街得意裡，吃得到大稻埕生活的百年點滴。

四、空間就是能量：文化演繹

「在大稻埕，你無法不遇到台灣的歷史，每個巷口轉角，台灣歷史會在那裡等候你、呼喚你，你不得不與他不正面相遇。」周奕成說。

在大稻埕，有七十七棟傳統保留建築，分別為台洋、台日或純閩南式的街屋。這些混合著多文化元素的老建築，現在看來也許陳舊，卻曾經是最新潮摩登的。而周奕成與世代文化創業團隊用新一代的方式——文化創意，跟這個做著傳統生意的老街區「交關」。就像每一個在小／民／眾／聯藝埕內的品牌，結合傳統產業與文化創意，重新創造出新的產品價值與意涵。在南街得意，挑高的老樓閣裡，築起了現代簡約的黑茶櫃。新潮設計的燈盞，溫暖照耀著復古老家具。在那具現代藝術美感又帶著生活使用考量的茶具裡，浸潤著百年茶行老茶師精挑的台灣茶。新思維與老傳統，舊街巷與新活力，重新沖泡出令人回甘的清新滋味。

近百年前蔣渭水先生在春風得意樓裡把酒言志，推動台灣新文化運動。周奕成則在現代與過去交會的南街得意裡，回味歲月醃漬的蜜餞酸甜，細品百年功夫的烘培茶香，用新一代的創意與經營思維，想著再一次的新文化運動。誠如他所說：「我預見在十年內，大稻埕將再度成為台灣第三波新文化運動的發源地，而我們今天所做的努力，只是在為將來的世代構築一個與歷史銜接的場景。」